내 휴대폰 속의
슈퍼 스파이

내 휴대폰 속의

스마트한 만큼 오싹해진다

슈퍼 스파이

타니아 로이드 치 지음 ✦ 벨 뷔트리히 그림 ✦ 임경희 옮김

푸른숲주니어

차례

디지털 감옥에 갇히고 싶은가요?

만약 내가 정부 기관의 비밀 요원이 되어 누군가를 감시해야 한다면? 목표 인물의 집 근처에 잠복해 있다가 살그머니 미행을 해 볼까? 아니면 만능 열쇠로 그 집 문을 몰래 열고 들어가 방 안 구석구석을 뒤져 볼까?

21세기에 이 무슨 구시대적 발상이냐고? 하긴, 이동 통신 업체나 인터넷 포털 사이트, 소셜 네트워크 서비스, 각종 애플리케이션의 개발자나 관리자 두어 명만 만나 보면 순식간에 게임 끝일 텐데……. 아니, 아니! 직접 만나고 자시고 할 것도 없이 전화 한 통화로 간단히 끝날 일 아닌가?

"여보세요? ×× 이동 통신이지요? 저는 국가정보원에서 일하는 김 아무개인데요. 가입자 중에 홍길동 씨라고 있지요? 그 사람이 국제 테러 조직에서 활동한다는 첩보가 들어와서 조사 중인데, 작년 통화 기록 좀 받아 볼 수 있을까요?"

정말 쉽고 간단하다!

설마 조금 전에 케케묵은 첩보 영화 속 배우처럼 식탁 밑을 엉금엉금 기어 다닐 생각을 한 건 아니겠지? 21세기에 그건 정말 볼품없는 짓이다. 하다 못해 페이스북이나 트위터만 줄창 파도, 용의자가 누구를 만나기 위해 어디로 가고 있는지 손바닥 보듯 빤히 들여다볼 수 있다. 어디 그뿐인가? 마음만 먹으면 좋아하는 음식이나 즐겨 관람하는 운동 경기의 실적, 마음에 두고 있는 이상형까지도 알아낼 수 있다. 심지어 어젯밤에 양치질을 몇 분 동안 했는지까지도.

누군가에 대해서 이렇게 자세한 정보를 손쉽게 모을 수 있다니! 입장을 바꾸어 생각해 보면 소름이 쫙 끼치는 일이다. 뭐, 공익을 위해서 일하는 국가정보원 비밀 요원이 범죄자의 정보를 모으려 한다면야 기꺼이 눈감아 줄 수 있는 일 아니냐고?

천만에! 꼭 그렇지만은 않다.

하루가 다르게 정보 통신 기술이 발달하면서 평범한 시민들의 정보가 허락도 없이 마구마구 노출되고 있다. 어느덧 우리는 자기도 모르는 사이에 누군가의 '시선' 아래 놓여 있게 된 셈이다.

정부는 이런저런 방법으로 국가에 위기를 몰고 올 용의자를 가려내기 위해 우리를 지켜본다. 기업은 사람들을 유혹할 만한 제품을 만들고, 보다 많이 판매하기 위해 우리의 취향과 습성을 분석한다.

이러한 활동은 우리 생활을 더욱 안전하고 편리하게 해 주는 면이 분명

히 있다. 그렇다고 마냥 반가워하기만 할 일일까?

예를 들어, 내가 침대 위에 올라서서 빗을 움켜쥐고 최신 가요에 맞추어 립싱크를 하고 있다고 치자. 그때 마침 켜져 있던 웹캠이 해킹을 당해서 이 모습이 전 세계 유튜버들에게 무작위로 송출된다면?

또, 이런 경우를 생각해 보자. 백화점에서 쇼핑을 하다가 얼룩말 가죽으로 만든 외투를 발견하고 장난 삼아 걸친 뒤 셀카를 찍었다. 그러고는 별생각 없이 친구한테 카톡으로 사진을 전송! (아, 여기서 짚고 넘어갈 게 하나 있다. 얼룩말은 멸종 위기의 동물이어서 모두가 보호해야 한다. 장난으로라도 이런 일은 하지 말도록 하자.)

장난기가 발동한 친구는 그 사진을 곧장 페이스북에 올렸다. 아, 망신살이 뻗치게 생겼다고? 그렇다고 미리 절망할 것까진 없다. 아직 세상이 끝난 건 아니니까.

진짜 문제는 세월이 흐른 뒤에 터질지도 모른다. 환경 보호 운동에 온몸을 바친 끝에 환경부 장관 후보에 올랐는데……. 누군가가 20년 전의 얼룩말 외투 사진을 찾아 인터넷에 폭로하기라도 한다면? 그 뒤는 알아서 상상하시길!

나는 혼자 있을 때와 누군가와 함께 있을 때 말과 행동이 같을까, 다를까? 과학계의 보고에 따르면, 사람들은 대개 여럿이 모여 있거나 누군가 지켜보고 있을 때 훨씬 더 순응적인 성향을 띤다고 한다. 행동 하나하나가 더 조심스러워지고 대세에 따르려는 심리가 한층 짙어진다는 것이다. 순간적으로 떠오른 아이디어를 실행에 옮기는 일도 뜸해진다. 모험심이 줄어든다고 해야 할까?

18세기 철학자 제러미 벤담은 이러한 인간의 속성을 일찍이 간파하고, 1791년에 자신이 생각하기에 가장 이상적인 교도소의 모델을 세상에 선보였다.

파놉티콘이라고 이름 붙인 이 교도소는 가운데에 탑이 서 있고 바깥쪽 건물이 그 탑을 둥글게 둘러싼 모양이다. 바깥쪽 건물에는 죄수들의 감방이, 중앙의 탑에는 간수가 머무는 방을 배치했다. 그리고 감방은 늘 환하게 불을 켜 둔 반면에 간수의 탑은 조명을 어둡게 했다. 왜 그랬을까?

　죄수들이 항상 감시받는 듯한 느낌에 사로잡히도록 하기 위해서였다. 간수의 눈길이 언제 자기 쪽으로 향할지 몰라서 늘 신경을 곤두세우고 행동거지를 조심하는 수밖에 없다. 한마디로 24시간 내내 감시하는 효과를 얻을 수 있는 셈이다. 이렇게 하면 파놉티콘의 죄수들은 자의든 타의든 모범수가 될 수밖에 없을 터이다.

　사실, 파놉티콘은 실제로 지어진 적이 없다. 그러나 사생활 보호론자들은 요즘 우리가 '디지털 파놉티콘'에 살고 있다고 주장한다. 대체 이게 무슨 뜻일까?

오·싹·한 경·계·선

나의 개인 정보가 유통된다고?

인터넷에서 자유롭게 정보를 나누는 것은 매우 즐거운 경험이다. 게다가 이 모든 게 대부분 공짜가 아닌가? 그런데 구글과 페이스북 같은 기업들은 사용자들의 웹브라우징 활동을 수집하고 제3자인 광고주들에게 수시로 팔아넘기고 있다. 그렇게 치면 우리의 SNS 사용료는 바로 우리 자신인 셈이다. 결코 공짜가 아니다!

예를 들어 보자. 구글에서 햄버거를 검색했는데 갑자기 딩동~, 하고 우리 집 현관 벨이 울린다. 문을 열어 보니 맥도날드 직원이 씩 웃으며 신상 햄버거 할인 쿠폰을 내민다. 이 얼마나 오싹한 일인가?

구글 회장이었던 에릭 슈미트는 이런 말을 한 적 있다.

"오싹한 경계선(The Creepy Line)까지 바싹 다가가되, 그 선을 넘지 않는 것, 그것이 바로 구글의 방침입니다."

그런데 이 경계선이 어디까지인지는 사람마다 다르지 않을까? 그 경계선에서 갈등이 생겼을 때는 누가 해결해 줄까?

❗ 도전 과제

이 책 속에는 수많은 '오싹한 경계선'이 나온다. 그때마다 내가 만약 세계 대통령이 된다면, 어느 곳에 경계선을 그으면 좋을지 생각해 보자.

우리는 페이스북이나 인스타그램, 트위터 같은 SNS에 글을 올릴 때 자신을 특정한 이미지로 내보이려 노력한다. '누군가 나를 지켜보고 있다!'는 사실을 의식하고 있는 것이다.

페이스북에서 '좋아요'를 누르는 순간, 우리 집 화장실 변기 물을 내리는 순간……, 혹시 이 모든 소소한 일상이 세상 사람들에게 여과 없이 노출되고 있는 건 아닐까? 지금 이 순간에도…….

그러다 문득 이 세 가지 질문과 마주하게 될지도 모른다.

- 누가 우리를 지켜보고 있는 걸까?
- 공적인 것과 사적인 것을 구분하는 선은 어디일까?
- 나의 비밀을 안전하게 지킬 수 있을까?

"07시 40분, 이수연 학생이 안전하게 학교에 등교했습니다."

초등학교에 다니는 수연이가 집에서 나간 지 10분쯤 지난 뒤, 엄마 휴대폰에 이런 내용의 문자 메시지가 날아든다.

수연이의 가방에 매달린 조그마한 단말기 속 전자칩(RFID)이 교문에 설치된 RFID 리더기와 신호를 주고받은 다음, 즉시 부모님에게 등교 정보를 전달하는 것이다.

이 전자칩을 이용해서 수연이의 이동 경로를 10분마다 전송받을 수도 있다. 그 덕분에 수연이 엄마는 집 안에서 아이의 움직임을 확인하며 마음을 놓는다. 휴대폰에 애플리케이션 하나만 깔면 수연이 아빠도 회사에서 얼마든지 아이의 이동 경로를 파악할 수 있다.

학교 안을 지켜보는 눈

삐~, 통행을 허가합니다

무선 인식 기술은 전쟁의 한복판에서 생겨났다. 제2차 세계 대전 중 적군 폭격기와 아군 전투기를 구분하느라 애를 먹고 있던 미군은 갖은 노력 끝에 전파 탐지 기술을 고안해 냈다.

이 기술을 토대로 과학자들은 수십 년에 걸쳐서 전자칩에 정보를 심는 방법을 연구했다. 이윽고 슈퍼 바코드라 불리는 RFID, 즉 무선 인식 태그가 발명되었다. 바코드는 빛을 통해 사물을 인식하지만, 무선 인식 태그는 전파를 이용하기에 훨씬 먼 거리에 있는 물체까지 인식이 가능하다!

그러다 1990년대에 초소형 전자칩이 개발되면서 어디에나 무선 인식 전자칩을 부착할 수 있게 되었다. 립스틱처럼 조그만 상품도 이 전자칩 하나만 붙이면 공장에서 각 상점까지의 배송 상황을 순식간에 추적할 수 있으니 상품의 유통과 재고의 관리가 엄청나게 쉬워졌다.

요즘은 유니클로에만 가도 옷에 달린 무선 인식 태그의 표식을 쉽게 확인할 수 있다. 도서관에서는 책의 행방을 쫓기 위해 무선 인식 태그를 사용하고, 수의사는 고객들에게 반려동물의 실종 사고를 예방하는 데 전자칩을 사용하라고 권유한다. 또, 생물학자는 연구 목적으로 야생 동물에게 전자칩을 이식한다. 그리고 세계 곳곳의 학교에서는 출석 체크를 하는 데 무선 인식 태그를 이용한다.

나는 전자 학생증을 거부합니다!

2013년에 미국 텍사스주의 존 제이 고등학교는 무선 인식 시스템을 도입했다. 학교는 즉시 학생들에게 전자칩이 내장된 학생증을 배포했다.

언뜻 이 전자 학생증은 여러모로 유용해 보였다. 무엇보다 선생님이 학생들의 이름을 일일이 부르지 않고도 자동으로 출석 체크를 할 수 있게 되었다. 그뿐 아니라 학생들이 매점에서 간식거리를 살 때나 교내 특별 행사 입장권을 구입할 때, 또 도서관에서 책을 빌릴 때도 이 학생증 하나면 충분했다.

대부분의 학생들이 이 학생증의 편리함에 익숙해져 가고 있었다. 그런데 여기에 반기를 든 학생이 있었다. 바로 앤드리아 에르난데스였다.

앤드리아는 미지의 시선이 쉴 새 없이 자신을 뒤쫓고 있다는 생각이 들어서 영 찜찜한 기분이 들었던 것이다. 급기야 학생증 착용을 거부하기에 이르렀고, 그 일로 정학을 당하고 말았다. 앤드리아의 부모님은 곧바로 학교를 고소했다.

이 사건이 언론에 보도되자 인권 운동가와 사생활 보호론자, 국제 해커 조직 어나니머스까지 벌떼같이 들고일어나 앤드리아를 옹호했다.

학교는 재빨리 사태 수습에 나섰다. 앤드리아의 뜻을 존중해 특별히 전자칩을 뺀 학생증을 착용하게 해 주겠다고까지 했다. 하지만 앤드리아는 이 제안 역시 탐탁지가 않았다. 혹시라도 학교의 방침을 지지한다는 뜻으로 비치게 될까 봐 염려되었기 때문이다. 그래서 그 방식도 거부해 버렸다.

결국 존 제이 고등학교는 오래지 않아 무선 인식 시스템을 폐지했다. 그제야 앤드리아는 다시 존 제이 고등학교로 돌아갔다. 법원의 판결은 어떻게 됐을까? 놀랍게도 판사는 학교의 요구가 정당하다며 앤드리아의 부모님이 낸 소송을 기각했다.

무선 인식 시스템은 한국을 비롯해 전 세계 수많은 대학교에서 활발하게 쓰이고 있다. 전자 학생증으로 기숙사 건물에 출입하고, 식당에서 밥을 먹으며, 도서관에서 책을 빌린다. 이 전자 학생증 하나면 만사 오케이인 셈이다.

건물이 새로 지어질 때마다 학생의 안전과 도난 방지, 또 경비 인력 감축을 위해 전자 학생증을 도입하는 일이 점점 더 많아지고 있다. 학생증 하나면 웬만한 건 다 해결이 되는 편리함! 이 얼마나 매혹적인가? 그런데 학생증

학생이라면 학교의 방침에 따라야 하는 게 아닐까? 모두의 안전과 편의를 위해서 도입된 시스템이잖아.

안전이 먼저!

개인의 자유를 보장하라! 앤드리아는 자신의 신념에 따라 전자 학생증을 거부할 권리가 있어!

사생활이 먼저!

을 단말기에 갖다 댈 때마다 내 개인 정보가 솔솔 빠져나가고 있다는 사실을 잊지 마시라!

자, 카메라 돌아갑니다~! 치즈!

지난 몇십 년 동안 미국 캘리포니아주에서 덴마크 코펜하겐시까지 수많은 학교의 복도와 식당에 CCTV가 설치되었다. 이제 미국은 전체 학교 수의 절반, 영국은 10만 곳 이상의 학교에 CCTV가 설치되어 있다. 심지어 교실 안에도 CCTV를 설치하는 곳이 전 세계적으로 꾸준히 늘어나는 추세다.

2015년, 인천 시에 있는 어린이집에서 교사가 네 살배기 어린이를 폭행한 사건이 벌어졌다. CCTV 속에 남아 있던 폭행 영상은 그야말로 보는 이들을 엄청난 충격 속으로 빠뜨렸다. 이 사건으로 어린이집에 CCTV를 설치해야 한다는 여론이 형성되었고, 결국 영유아 보육법이 개정되어 어린이집 CCTV 설치가 의무화되었다.

오·싹·한 경·계·선

CCTV, 듬직한 경비일까? 음흉한 감시자일까?

아프리카 케냐 리무루 지역의 학교들은 시름에 잠겨 있었다. 하루가 멀다 하고 강도가 학교 담을 넘나들었기 때문이다. 책과 컴퓨터 등 기자재를 도난당하는 건 예사이고, 급기야 침입을 막으려던 경비원까지 살해를 당했다.

리무루 시범 초등학교는 대응책으로 학교에 보안 카메라를 달았다. 그러자 범죄 예방보다 더 놀랄 만한 일이 벌어졌다. 카메라의 존재를 인지한 학생들의 생활 태도가 돌변한 것이다! 그뿐만이 아니었다. 교사들은 수업을 더 열심히 하기 시작했다. 학부모들은 아이를 학교에 보내는 게 전보다 한결 안심된다고 했다. 출석률도 확연히 올라갔다. 한쪽에서는 카메라의 존재가 학생들에게 어떤 영향을 미칠지 걱정하는 여론이 형성됐다.

사실 학교생활은 착실하게 수업을 듣는 것만으로 이루어지는 게 아니다. 수업 중에 친구들과 수다를 떨기도 하고, 쉬는 시간에 과자를 나눠 먹기도 한다. 그런데 이런 모습이 낱낱이 녹화된다면 어떤 강심장인들 신경이 쓰이지 않을까? 이러다 끊임없이 감시당하는 생활이 정상이라고 세뇌되는 건 아니겠지? 어쩌면 수업 시간에 카메라를 의식한 나머지, 자신의 생각을 솔직하게 표현하지 못하게 될지도 모른다.

❓ 나의 생각은...

내가 만약 리무루처럼 아주 위험한 지역에 있는 학교를 다닌다면 CCTV가 있는 학교와 없는 학교 중 어느 곳을 선택하는 게 나을까?

세계적인 여론 조사 기관인 입소스가 2013년에 조사한 바에 따르면, 북미 지역 학부모의 절반 이상이 CCTV가 설치된 학교를 선호한다고 한다. 그런데 학생들도 같은 생각일까?

부정행위는 꿈도 꾸지 마!

중국에서는 매년 6월, 천만 명에 가까운 학생들이 대학 수학 능력 시험인 '가오카오'를 치른다. 가오카오는 요일에 상관없이 해마다 6월 7일과 8일 이틀 동안 진행된다. 학생들은 7일 오전 9시 1교시 국어를 시작으로 시험을 보기 시작한다.

시험 결과에 따라 수험생의 40퍼센트 정도가 4년제 대학에 입학하고, 그 가운데 0.5퍼센트 안에 든 학생만이 이른바 명문대로 진학해 입신양명의 꽃길을 걷는다! 그러면 나머지 60퍼센트의 학생들은? 일찌감치 취업 전선에 뛰어들어야 한다.

그래서 인생의 갈림길이나 다름없는 이 시험이 몇 주 앞으로 다가오면 해마다 크고 작은 소동이 벌어진다. 수십 명이 자살 기도를 하기도 하고, 기상천외한 방법으로 부정행위를 꾸미기도 한다. 대리 응시자를 막기 위해 지문 인식 시스템까지 도입했지만, 지문을 위조한 인공 피부를 씌우는 수법이 등장해 무용지물이 되어 버리기도 했다.

커닝 장치가 달린 안경과 속옷, 심지어 생리대까지 등장하자, 교육 당국은 특단의 조치를 생각해 냈다. 시험장에 스캐너를 장착한 무인 비행기, 즉 드론을 여섯 대 띄우기로 한 것이다. 이 드론은 시험장 반경 500미터 내의 모든 무선 통신 신호를 감지할 수 있다.

다행히 그해 시험장에서는 그 어떤 무선 신호도 감지되지 않았다고 한다. 뛰는 놈 위에 나는 놈이랄까? 정정당당히 실력을 겨뤄야 할 시험장으로 숨어든 꾀돌이들을 단박에 물리침으로써, 드론은 첨단 감시 기술의 위력을 한 방에 증명해 보였다.

웹캠 스캔들

혹시 학교에 CCTV가 설치되어 있는 걸 본 적이 있는지…… 만약 CCTV가 설치된 학교라면 그 앞을 지나갈 때 모범생인 척 연기를 하는 것도 나쁘지 않겠다. 그런데 CCTV처럼 눈에 빤히 보이는 카메라가 아니라 매우 은밀한 방법을 써서 학생들의 행동을 살핀다면 어떨까?

요즘에는 수업 도구로 노트북이나 컴퓨터, 태블릿 PC 등을 자주 활용하고 있다. 책에다 깨알같이 메모를 하고, 칠판 가득히 판서를 하던 시절에 비하면 엄청나게 편리한 점이 많다. '백문이 불여일견'이라는 말처럼 백마디 말로 애써 설명하기보다는 생생한 동영상 자료 한 편이면 학생들의 이해를 단박에 도울 수 있다. UCC를 제작해 학생들의 장래 희망을 감상하고, 웹캠으로 시간과 장소에 구애받지 않고 시험을 볼 수도 있다.

하지만 편리하다고 무조건 좋은 건 아니다. 노트북이나 태블릿 PC에 장착된 카메라가 학생의 일거수일투족을 엿보는 몰래 카메라가 될 수도 있다.

2010년에 미국 펜실베이니아주의 몇몇 학교에서 학생들에게 최신형 노트북 이천여 대를 나눠 주었다. 공짜로 노트북을 받고 학생들은 무진장 기뻐했겠지만, 이 노트북 속에는 학교 측 관리자가 원격 조정할 수 있는 웹캠이 달려 있었다. 이 웹캠의 존재는 철저히 비밀에 부쳐져 있었다. 한 학

생이 마약 복용 의혹 사건을 일으켜 문제가 불거지기 전까지는.

중학교 2학년 블레이크 로빈스는 자기 방에서 마약을 복용했다는 이유로 학교에서 징계를 받았다. (블레이크의 말에 따르면, 문제의 '마약'은 사탕이었다고······.) 학교가 들이댄 증거물은 다름 아닌 노트북 웹캠에 찍힌 블레이크의 방 안 사진이었다. 블레이크의 부모님은 웹캠 감시가 사생활 침해라며 학교를 검찰에 고소했다.

그러자 학교 측은 애초에 감시할 의도가 없었으며, 노트북 도난 방지 프로그램이 자동으로 켜지면서 저절로 사진이 찍힌 것뿐이라고 주장했다. 미심쩍게도 학교는 블레이크 말고도 여러 학생들의 웹캠 사진을 56,000장이나 보유하고 있었다.

조사 결과, 학교가 고용한 IT 기술자가 도난 방지용 웹캠으로 학생들을 몰래 지켜보았다는 사실이 들통났다. 학교는 결국 6억 원이 넘는 합의금을 물고 나서야 이 사건을 매듭지었다.

한편, 한국에서는 2007년부터 초등학교를 대상으로 디지털 교과서 시범 사업이 추진되어 오고 있다. 광주광역시의 디지털 교과서 연구 학교인 한 초등학교의 사회 수업 시간. 선생님이 전자 칠판 모니터 속 '시대' 버튼에 손가락을 대자 첨성대 사진이 쓱 나타난다. 학생들은 개인 노트북에 전자펜으로 밑줄을 그으며 모르는 내용이 있으면 인터넷으로 검색을 한다.

교과서는 물론이고 공책, 연필 등은 진작에 사라지고 없다. 전자 칠판과 노트북이 무선망으로 연결돼 선생님과 학생들은 자유롭게 소통을 하게 되었다. 학생들의 참여가 늘자 수업도 자연히 활기를 띠었다. 선생님들은 새롭게 시행된 디지털 수업을 준비하는 데 훨씬 더 많은 시간을 쏟아부어야 하지만, 학습 효과는 그 전보다 좋아져서 긍정적이라는 반응이다.

이렇듯 디지털 수업은 긍정적인 면과 부정적인 면이 함께 존재한다. 학교에서 나눠 준 단말기로 사생활이 침해받는 일이 생기는 한편, 다양한 수업 자료를 활용할 수 있는 데다 학생들이 직접 시뮬레이션을 해 볼 수 있어서 수업에 대한 흥미와 관심을 드높일 수도 있다.

생체 인식 기술

"홍채 인식 완료. 출입을 허가합니다."

생체 인식 기술은 주로 어떤 사람의 신원을 확인할 때 쓰인다. 기존의 SF 첩보 영화에서는 범죄자를 추적하는 데 즐겨 쓰였지만, 요즘은 우리 삶 깊숙이로 파고들어 와 있는 셈이다. 생체 인식 기술은 홍채, 손바닥, 지문뿐만 아니라 목소리와 체취, 심지어 자세까지 구별할 만큼 정밀해지고 있다.

오호, 자세까지? 그렇다. 자동차 운전석 시트에 달린 감지기가 운전자의 체형과 자세를 판독해서 다른 사람이 운전대를 잡을 경우, 자동으로 시동이 꺼지게 해 도난을 방지하는 기술까지 개발되어 있다.

이제 생체 인식 기술은 학교 안으로도 침투(?)하고 있다. 자, 여기는 고등학교 급식실! 오늘 점심 메뉴는 스파게티다. 여기에 따끈따끈한 마늘빵을 곁들이면 그야말로 금상첨화겠지만, 학교 급식은 주는 대로 고분고분 먹어야 한다는 슬픈 현실……. 그나마 다행인 건 학생증을 갖고 다니지 않아도 된다는 거다. 지문 스캐너에 손가락을 쓱 갖다 대기만 하면 끝이다.

안전이 먼저!

학생증은 더 이상 필요 없어. 지문 하나로 만사 오케이! 잃어버릴 염려도 없잖아?

사생활이 먼저!

지문 찍고 사 먹은 군것질거리에서 빌려 읽은 책까지 다 컴퓨터에 기록이 남잖아. 누군가 네 지문 정보를 해킹하면 어떤 일이 벌어질지 아찔하지 않니?

삐 소리와 함께 지문 인식이 완료되는 순간, 부모님의 은행 계좌에서 돈이 자동으로 빠져나간다.

한눈에도 아주 편리해 보인다. 하지만 학교 급식실에서 지문 인식 시스템을 이용하려면 학생들의 지문, 즉 생체 정보를 미리 수집해 두어야 한다. 지문 좀 채취하는 게 뭐가 대수냐고? 이렇게 수집된 생체 정보는 대부분 인터넷에 연결된 서버에 저장되고 있다. 누군가 학생들의 개인 정보를 해킹해서 멋대로 이용할 수도 있고, 필요에 따라서 학생들 모르게 기업이나 정부에 제공할 가능성도 있다. 나도 모르는 사이에 개인 정보가 다른 사람의 필요와 목적에 따라 이리저리 흘러다닐 수 있다는 거다.

프라이버시 퍼즐

책가방에 달린 무선 인식 태그, 교실 천장

오·싹·한 경·계·선

지문 인식 기술이 소외된 이웃을 돕는다고?

우리 주변에는 신분증이 없어서 교육, 의료 등 삶에 필수적인 복지 혜택을 받지 못하는 사람들이 있다. 세계은행에 따르면 전 세계 인구 중 11억 명은 출생 신고가 안 된 '보이지 않는 시민'이라고 한다. '보이지 않는 시민'들 대부분은 아프리카와 아시아 대륙에 살고 있으며, 이 가운데 30%가 어린이다. 아쉽게도 이들은 학교에서 정식 교육을 받지 못한다.

최근에 이 '보이지 않는 시민'을 위한 복지 서비스에 생체 인식 기술이 도입되고 있다. 빈곤 지역에서 활동 중인 자원 봉사자들이 외딴 마을을 찾아다니며 미등록 시민들의 지문을 채취해 각각의 ID를 만들고 있는 것.

출생 신고가 되지 않아 신원을 증명할 수 없는 사람들에게 생체 정보보다 분명한 신분증이 있을까? 이렇게 모은 지문들은 누구나 열람할 수 있는 오픈 소스 지문 시스템에 등록되어 의료 서비스에 활용되고 있다.

? 나의 생각은…

생체 인식 기술 서비스가 없다면 평생토록 학교 문턱을 밟아 볼 수 없는 아이들이 지문 등록 한 번으로 학교 다닐 권리를 얻게 된다면 얼마나 좋을까? 생체 인식 기술이 사생활을 침해한다는 건 여유로운 자들의 배부른 고민에 지나지 않는 건 아닐까?

에서 깜박거리는 CCTV, 학생증 대신 사용하는 지문 인식 시스템이 수많은 편리함을 가져다주는데도 문제시되는 것은 바로 사생활을 침해하기 때문이다.

'군사부일체'라는 말이 있다. 여기서 '군(君)'은 임금이고, '사(師)'는 스승이며, '부(父)'는 아버지이다. 즉 임금과 스승과 아버지는 그 은혜가 같으니, 세 사람이 동격이라는 뜻이다. 그렇기에 학교에서 선생님은 '부모를 대신해' 학생을 교육할 권리와 책임을 가진다. 선생님이 휴대폰을 거두거나 호주머니에 불순한 물건이 없는지 검사하는 일도 그 권리와 책임의 연장선에서 이루어진다.

그렇다면 학생들을 보호한다는 차원에서 봤을 때, 선생님의 눈과 학교 안 CCTV가 같은 일을 하고 있는 게 아닐까? 사생활 보호론자들은 고개를 절레절레 흔들며 둘 사이에 아주 결정적인 차이가 있다고 주장한다.

- 한시도 쉬지 않고 학생만 뚫어져라 쳐다보는 선생님은 없다. 그런데 CCTV는 1분 1초도 학생에게서 시선을 떼지 않는다.
- 선생님은 학생들에게 돌발 상황이 일어났을 때 끼어들어서 바로잡는 역할을 한다. 그런데 CCTV는 학생들의 잘잘못을 따지는 데 도움을 줄 뿐, 문제가 생겼을 때 지켜 주진 못한다.

우리는 누구나 성장하면서 여러 가지 모험을 겪게 된다. 그러면서 자기

안의 거칠고 낯선 모습을 발견하기도 하고, 스스로 잘못을 바로잡기 위해 노력하기도 한다.

하지만 누군가 지켜보고 있다는 사실 때문에 의식적으로 바르게 행동하려 한다면? 그건 단순히 눈치를 보는 거지, 스스로 마음을 다독일 줄 아는 자제력이라고 하긴 어렵다. 눈치를 보는 데 익숙해지다 보면 좋고 나쁜 것을 판별하는 힘을 기르기 어려울 수도 있다.

사생활 보호론자들은 학교가 CCTV 등 사생활의 자유를 침해할 수 있는 기술을 도입하려면, 반드시 학생들의 의사를 확인해야 한다고 말한다.

만약 교무실에 CCTV를 설치해야 한다면 학교 측은 어떻게 할까? 개인 정보 보호법을 위반하지 않기 위해 교무실에서 일하는 선생님들에게 미리 동의를 구할 것이다.

그와 마찬가지로 학생들 역시 자신의 개인 정보를 보호할 권리가 있다. 그들의 의견에 귀를 기울여야 한다. 학교는 미래의 시민을 키워 내는 곳이니까.

언제부터인가 각종 추적 장치로 가족의 움직임을 확인하는 일은 일상이 되어 버렸다. 그중에서도 부모님들이 자녀 위치 추적기에 열광하는 것은 바로 유괴와 미아를 방지해 주기 때문이다.

일부 전문가는 기업이 GPS의 효과를 과대 포장하고 있다고 비난한다. 경찰이 뒤쫓을 수 있을 만큼 강한 신호를 쏘는 기기라면 반드시 배터리가 필요하기에 기기가 꽤 커야 한다. 그만큼 납치범의 눈에 띄기도 쉽다는 뜻이다.

2

우리 집에
도청 장치가?

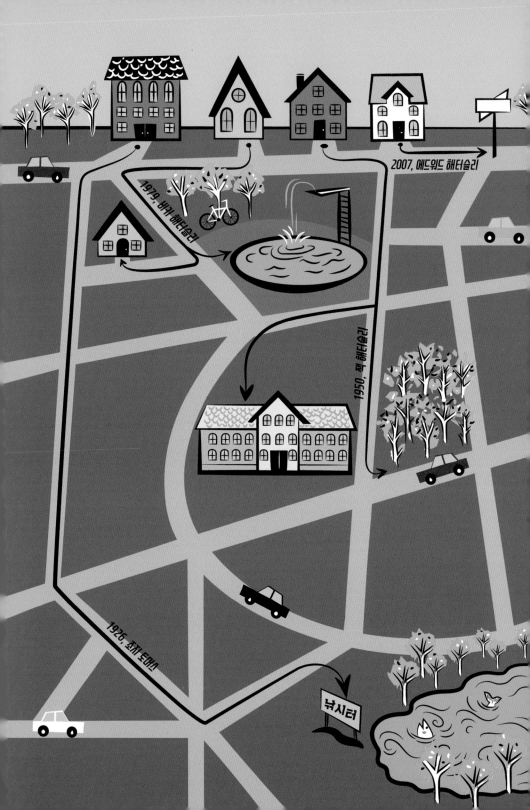

2007, 에드워드 해터슬리

1979, 비키 해터슬리

1950, 잭 해터슬리

1926, 줌커 토머스

낚시터

100년 사이에 무슨 일이?

2007년에 의사 윌리엄 버드는 한 집안의 내력을 조사하면서 재미있는 사실을 발견했다.

1926년, 영국 셰필드시에 살던 아홉 살짜리 조지 토머스는 밖으로 나다니는 것을 좋아했다. 집에서 10킬로미터나 떨어진 낚시터까지도 종종 혼자 걸어가곤 했다.

1950년, 역시 영국 셰필드시에 살던 아홉 살짜리 잭 해터슬리는 집에서 1.6킬로미터 떨어진 숲에 가서 노는 걸 즐겼다. 학교는 당연히 혼자 또는 친구들과 함께 걸어서 다녔다. 잭은 커서 조지의 사위가 되었다.

1979년, 잭의 딸 비키가 아홉 살이 되었다. 비키는 외출할 때마다 너무 멀리 가지 말라는 당부를 듣고 자랐다. 그래서 자전거를 타고 친구 집에 놀러 가거나, 동네 수영장에서 수영을 하며 지냈다.

세상이 점점 더 미쳐 가는 것 같아. 이렇게 험한 세상에서 어떤 부모가 아이를 바깥에 혼자 내보내겠어?

안전이 먼저!

만에 하나 일어날지 모르는 사고를 대비한답시고, 아이를 우물 안 개구리처럼 집 안에만 가둬 두는 건 너무 미련한 짓 아닐까? 그렇게 살다간 아이가 평생 부모에게 의지하려 들걸.

사생활이 먼저!

2007년, 비키의 아들 에드워드는 아홉 살이 되었을 때 혼자서 집 앞 큰 길 너머로는 절대로 가지 말라는 주의를 들었다.

어쩌다 한 집안의 아이들이 네 세대를 거치는 동안에 마음껏 자유를 누리던 생활에서 극도로 통제를 받는 상태로 바뀌었을까?

언뜻 봐도 대답하기가 쉽지 않은 문제다. 사회 환경의 변화로 자녀에 대한 부모의 걱정이 심해진 면도 있지만, 아이들 역시 밖에 나가서 뛰어 노는 것보다 집 안에서 컴퓨터 게임을 하거나 텔레비전을 보는 걸 더 좋아하기 때문이다.

어쩌면 단순히 심리적인 문제가 아닐 수도 있다. 전문가들은 현대 사회로 들어서면서 사람들이 어린이와 청소년을 한없이 보호해 주어야 할 존재로 여기게 되었다고 말한다. 이런 경향성이 부모로 하여금 아이를 더 과보호하게 만든다는 것이다.

아기를 모니터링해 드립니다

요즘 젊은 엄마 아빠들 사이에서 아기 모니터가 큰 인기를 끌고 있다. 아기 모니터는 아기의 움직임 하나하나를 세심하게 감지해 알림 메시지를 보낸다. 밤에는 야간 적외선 카메라와 잡음까지 잡는 고성능 스피커로 아기의 수면 패턴을 보여 준다. 여기에 방 안의 온도와 습도, 공기의 질 측정

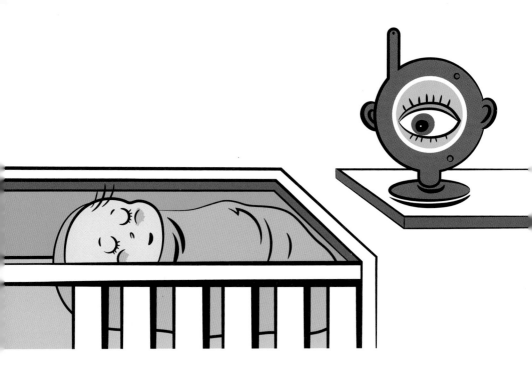

은 물론 자장가 기능까지 탑재하고 있다. 이쯤이면 만능 육아 필수품 소리를 듣고도 남을 만하다.

그런데 사생활 보호론자들은 왜 이 아기 모니터마저 트집을 잡는 걸까? 바로 감시가 감시를 낳기 때문이라고 한다. 아기 모니터의 다음 단계는 보모를 감시하는 초소형 CCTV, 그다음 단계는 어린 자녀를 위한 위치 추적기, 또 그다음 단계는 성장기 자녀의 휴대폰 감시……. 이처럼 부모가 불안감을 내려놓지 못하면, 결국 아이에게 끊임없이 감시의 굴레를 씌우게 될 수도 있다.

게다가 만약 해킹이라도 당한다면? 소중한 아이를 돌보려고 들인 아기 모니터가 끔찍한 재앙으로 돌변할 수도 있다.

꼭꼭 숨어도 머리카락 보인다

　지금 이 순간, 내가 어디에 있든지 간에 내 머리 위에는 위치를 측정하는 인공위성이 둥실 떠 있다. 위성 위치 확인 시스템, 흔히 우리가 GPS라고 부르는 이 기술은 1970년대 미국 국방부가 정확한 좌표를 계산하기 위해 개발했다. 그러니까 미사일로 목표물을 확실하게 맞추기 위해서 만든 군사 기술인 것이다.

　그런데 이 군사 기술은 상상 이상으로 쓰임새가 다양하다. 일단 소방대나 경찰대가 긴급 출동할 때 사고 지점을 정확히 파악하고 있으면 허둥거릴 필요가 없다. 또 길 잃은 등산객은 휴대폰으로 자신의 위치를 재빨리 확인해 구조를 요청하거나 더 이상 헤매지 않을 수 있다. 우편물이나 택배를 배송하는 기사들 역시 GPS 덕분에 배달받을 사람의 주소를 한눈에 파악한 다음 신속히 업무를 처리한다.

　미국은 다른 나라 군대가 GPS 기술을 사용할까 봐 염려한 나

들어는 봤나? 위치 추적 신발! 본래는 치매 환자를 위해 개발된 고가의 의료 용품이었으나, 이제는 어린이 운동화 속에도 GPS가 장착되어 있을 만큼 대중화되었다. 최근에는 목적지를 지정하면 구두 앞코의 불빛으로 방향을 가리키는 네비게이션 기능이 더해진 '위치 안내 신발'도 출시되었다고……

머지, 1980년대에 들어서야 처음으로 일부러 엉성하게 만든 GPS를 민간에 공개했다. 그러자 미국 내에서 국민의 세금으로 개발한 기술을 군대가 독점하는 건 옳지 않다는 불만이 쏟아졌다.

드디어 2000년, 미국 정부는 오차가 매우 적은 GPS 신호에 전 세계 그 어디서든 누구나 무료로 접속할 수 있도록 허용했다. 그러자 자동차와 탐색 구조 헬리콥터, 휴대폰, 심지어 개 목걸이에까지 GPS 기술이 적용되었다.

이제 북극의 거대한 유빙이나 에베레스트 산 꼭대기에 서 있더라도 GPS를 마음껏 사용할 수 있다. GPS는 미아 방지 추적 장치에도 쓰이고 있다. 아이가 미아 방지 추적 장치를 착용하고 있으면, 미리 설정해 둔 '안전 지역'을 벗어날 때마다 알람이 울릴 뿐 아니라 보호자에게 알림 문자가

어휴, 집 안 꼴이 이게 뭐니? 어서 정리하지 못해?

전송된다.

아이가 휴대폰을 사용하게 되면 더 이상 GPS 추적기는 필요하지 않다. 휴대폰 속에 온갖 추적 기능이 다 탑재되어 있기 때문이다. GPS 손목시계처럼 안전 지역을 설정할 수 있는 애플리케이션이 있는가 하면, 귀가 시간을 확인해 보호자에게 알림 메시지를 전송하는 애플리케이션도 있다.

보안 경비 회사에서도 앞 다투어 이와 비슷한 서비스를 제공하고 있다. 가령, 집을 비웠을 때 현관문이 열리면 휴대폰에 알람이 울리면서 현관문 주변에 설치한 CCTV 영상이 뜬다. 멀리 여행 간 부모님 몰래 친구들을 집으로 우르르 데리고 왔는데, 갑자기 휴대폰 벨이 울리더니 불벼락이 떨어지는 상황이 이젠 낯설지 않다.

끝나지 않는 줄다리기

2014년에 아일랜드에서 아이들과 어머니들을 대상으로 휴대폰 사용 실태를 연구했다. 그 결과, 재미난 사실이 드러났다.

대부분의 어머니들은 휴대폰을 멀리서도 아이를 지켜보고 통제할 수 있는 도구로 여겼다. 반면에 아이들은 휴대폰을 독립의 상징으로 보았다. 뿐만 아니라 부모님의 통제에서 벗어날 작전을 짜는 데 휴대폰을 적극적으로 사용했다.

일단 외출할 때는 "전화할게요."라고 말해 두고, 막상 집에서 전화가 오면 받지 않다가 나중에 귀가해서는 "배터리가 다 닳아서 전화를 못 받았어요."라든가 "진동 모드로 설정해 두는 바람에 전화 온 걸 몰랐어요."라고 평계를 댄다.

휴대폰을 둘러싼 부모와 자녀의 줄다리기는 몹시 팽팽하다. 어머니가 딸에게 전화를 걸어서 당장 집으로 돌아오라고 하면, 딸 역시 어머니에게 전화를 걸어서 한 시간만 더 있다가 들어가겠다고 조른다.

앞으로 부모의 추적 방법은 더욱 정밀하게 발달할 것이다. 아이들이 부모의 손아귀에서 벗어나려 애쓸수록 더 확실한 레이더망을 구축하고 싶을 테니까. 그만큼 아이들의 탈출 방법도 교묘하게 진화해 나가겠지.

GPS 추적기보다는 신뢰를!

조사 결과에 따르면, 대부분의 부모들이 자기 자식을 신뢰하지만 특정한 상황이 주어지면 관계 악화를 무릅쓰고라도 감시 태세에 돌입하겠다고 답했다. 예를 들어 십 대 자녀가 갑자기 밖에서 늦게까지 방황하고 다닌다든가, 수학 성적이 뚝 떨어진다든가, 잠을 잘 이루지 못한다면? 여러 가지 감시 도구를 동원해서라도 아이에게 무슨 일이 생겼는지 알아내겠다는 것이다.

하지만 교육 전문가들은 아이들이 어떤 이유로든 뒷조사를 당해서는 안 된다고 말한다. 어린이와 청소년 시기에는 독립심의 한계를 알아 가는 과정이 필요하기 때문이란다.

부모님은 여섯 살 아이에게는 아파트 단지의 놀이터까지만, 여덟 살 아

유리 상자 속에 사는 사람들

미국의 뉴욕 맨해튼에 자리한 고급 맨션가. 사면의 벽이 대부분 유리창으로 이루어진 건물이 세련미를 폴폴 풍기며 서 있다. 척 보기에도 채광이 좋은 것은 물론, 무엇보다 우아하고 고급스러운 자태가 부자들이 탐낼 만해 보인다!

한 가지 흠이라면 집 안 모습이 훤히 들여다보인다는 것! 커튼을 내려놓고 있자니 창밖 풍경을 포기해야 하고, 커튼을 걷고 있자니 집 안이 다 보여서 자기 집인데도 자유롭게 운신하기가 힘들다.

2013년에 이 건물의 건너편 빌딩 2층에 살던 사진작가 아르네 스벤슨이 맨션의 유리 창에 비친 사람들의 모습을 촬영했다. 낮잠 자는 소년, 부부의 아침 식사, 청소하는 여인. 필름에는 뉴욕 상류층의 잔잔한 일상이 한 폭 한 폭 곱게 그린 세밀화처럼 담겼다. 얼마 뒤, 이렇게 촬영한 장면들로 '이웃들'이란 제목의 사진 전시회를 열었다.

맨션 주민들은 사생활 침해를 내세워 스벤슨을 고소했다. 판사는 과연 어떻게 판결을 내렸을까? 유리 상자나 다름없는 집에 살기로 결정한 이상, 주민들은 창밖의 시선을 감수할 자세가 되어 있어야 한다나. 그 덕분에 스벤슨은 무죄가 되었다.

❓ 나의 생각은…

내가 만약 이 재판을 맡은 판사라면 어떤 판결을 내렸을까? 남의 집 안을 몰래 훔쳐본 사람과 커튼을 쳐서 사생활을 스스로 보호하지 않은 사람. 과연 누구의 잘못이 더 클까? 오늘날 인터넷 상에서 벌어지는 사생활 폭로 논란과 견주어 이야기해 보자.

이에게는 아파트 단지 밖 길모퉁이 가게까지만 가도록 제한선을 둔다. 하지만 그 제한선도 차츰차츰 둘레를 넓혀 가기 마련이다. 열다섯 살이 되면 시내버스를 타고 영화를 보러 가고, 방과 후에는 농구 시합을 하러 가며, 주말에는 친구들과 놀이동산에 몰려갈지도 모른다.

연구 결과에 따르면, 사람은 더 많은 책임이 주어졌을 때 훨씬 더 믿음 직스럽게 행동한다고 한다. 스스로 규칙을 정한 뒤, 그것을 자기 힘으로 지켜 나갈 때 더욱 크게 성장할 수 있다는 뜻이다.

이참에 부모님과 터놓고 이야기를 나누어 보는 건 어떨까? 나도 세상에 위험이 존재한다는 사실을 분명히 알고 있으며, 그 어떤 경우에도 스스로 정한 선을 넘지 않기 위해 노력하고 있다는 사실을 확인시켜 드리자.

아마 부모님도 금방 마음의 빗장을 풀고 두 팔을 벌리며 환영할지도 모른다. 잊지 마시라! 모든 문제의 해결책은 대화에서 출발한다는 걸.

우리 집에도 도청 잠치가?

집을 둘러싼 여러 가지 감시의 시선 가운데 정작 위협적인 것은 따로 있다. 바로 인터넷에 연결된 가전 기기다. 인터넷에 연결된 것은 무엇이든 해킹될 수 있기 때문이다.

홈캠이 몰카로 변신?

"카메라가 저절로 움직였어요."

"아기 모니터에서 낯선 목소리가 흘러나왔어요."

이게 무슨 소리일까? 솜씨 좋은 해커들에게 웹캠은 최첨단 망원경이나 다름없다. 오죽하면 웹캠에 반창고나 포스트잇을 붙여서 렌즈를 가리는 사람도 있을까? 심지어 페이스북 CEO 마크 주커버그도 웹캠 렌즈를 테이프로 봉해 두었다고 한다.

그래서 컴퓨터 보안 전문가들은 입에 침이 마르도록 경고한다. 바이러스 백신 업데

독립심을 키우자고 위험을 감수할 순 없잖아. 납치나 유괴 같은 범죄가 심심찮게 일어나고 있는데……

안전이 먼저!

이젠 우리도 다 자랐다고. 스스로 판단하고 결정할 수 있는 나이야. 언제까지나 부모님의 보호를 받으며 살 순 없잖아.

사생활이 먼저!

이트를 절대로 게을리하지 말라고.

장난감으로 도청을 한다고?

부스스 잠에서 깨어난 아이가 바비 인형에게 묻는다.

"오늘 날씨 어때?"

그러자 인형의 집 꼭대기에 달린 Wi-Fi 램프가 깜빡이며 낭랑한 목소리가 흘러나온다.

"지금은 맑은데 점심부터 비가 올 거래."

어른들이 휴대폰으로 시리와 대화하듯이, 요즘 어린이들은 '스마트 장난감' 바비와 대화를 한다. 그런데 보안 전문가들은 Wi-Fi 기능이 탑재된 바비 인형을 사지 말라고 경고한다. 해커가 마음만 먹으면 얼마든지 인형 안에 부착된 마이크를 도청기로 이용할 수도 있다고…….

나의 개인 정보가 술술~

2015년 12월, 세계에서 가장 큰 장난감 회사 중 하나인 브이테크에서 가입자 485만 명의 이름과 사진, 우편번호, 이메일 주소, 채팅 기록, 다운로드 기록 등이 유출되었다. 해커는 브이테크의 허술하기 짝이 없는 보안 실태를 고발하기 위해 이 같은 사건을 벌였다며 한시바삐 시스템을 강화하라고 요구했다.

소비자의 정보를 안전하게 보호하지 못한 기업이나 그 허점을 이용한 해커들의 윤리적 책임도 엄중하게 따져야 하지만, 먼저 우리 스스로 자신의 정보를 지키기 위해 신경을 곤두세워야 한다. 그런 상품을 선택한 것은 바로 우리 자신이니까.

우리는 매 순간 선택의 기로에 선다. 편리함과 즐거움을 좇겠는가? 아니면 나의 개인 정보와 사생활을 보호하기 위해 즐거움을 포기하고 불편함을 기꺼이 감수하겠는가?

"자, 치즈! 한 번 더! 다시, 또, 계속, 쭉~ 치즈!"

길을 걷다 보면 골목 곳곳에 설치된 CCTV가 이렇게 아우성치는 듯하다.

지난 10년간 공공장소에 설치된 CCTV의 수는 폭발적으로 늘어났다. 경찰, 기업, 은행, 언론사뿐만 아니라 일반 가정에서도 CCTV를 설치하고 있기 때문이다.

한국의 수도권 지역 거리를 거닐면 시민 한 사람당 9초에 한 번씩, 하루 평균 80~110회까지 CCTV 화면에 모습이 포착된다고 한다. (2015년 통계)

전문가들은 전 세계에 2억 대가 훌쩍 넘는 CCTV가 작동하고 있으리라고 추산한다. 이 수많은 렌즈가 우리 삶에 어떤 영향을 미치고 있을까?

두 얼굴의
CCTV

역시 제보가 중요해!

미국은 매해 4월 셋째 주 월요일을 '애국자의 날'로 부른다. 미국이 영국의 지배에서 벗어나기 위해 벌인 독립 전쟁을 기리는 날이기 때문이다. 이 날 특별한 행사가 열리는데, 바로 보스턴 마라톤 대회다. 이 대회는 미국 시민들이 영국군의 진로를 막아 냈던 길 위에서 펼쳐지며, 지금까지도 가장 유서 깊은 대회로 손꼽힌다.

2013년 4월 15일에도 보스턴 거리는 마라톤을 구경하러 나온 사람들로 빼곡했다. 땀에 흠뻑 젖은 주자들이 결승선에 다가서자 구경꾼들 속에서

네티즌 수사대, NCIS

요즘 휴대폰 촬영 영상은 범죄 수사 현장에서 강력한 물증이 되곤 한다. 하지만 온라인 상에서는 애꿎은 희생양을 만드는 마녀 사냥의 불씨가 되기도 하는데.

보스턴 폭탄 테러 사건 당시, 네티즌은 군중 사진 속의 한 소년을 테러리스트로 지목하고 신상털이에 나섰다. 모로코 출신의 유색 인종이라서 충분히 의심해 볼 만하다나 뭐라나?

이 와중에 한 언론사는 배낭을 멘 소년의 뒷모습을 신문 1면에 꽉 채워 실었다. 나중에 알고 보니 이 소년은 훗날 올림픽에 출전할 장밋빛 꿈을 안고 미국으로 건너온 열일곱 살의 육상 선수였다. 훗날 진범이 잡힌 뒤에도 이 소년은 사람들에게 괜한 오해를 살까 두려워서 외출을 꺼리는 등 한동안 후유증에 시달렸다.

? 나의 생각은…

별칭 'NCIS'라고도 불리는 네티즌 수사대는 엄청난 정보력과 파급력으로 수사 기관과 언론사에 압력을 행사하기도 한다. 이들은 정말 정의를 실천하는 집단 지성일까? 아니면 사람들의 시선을 끌기 위해 이슈몰이에 집중하느라 애먼 사람을 궁지로 몰아넣는 사이버 사냥꾼일까?

응원의 함성과 박수가 터져 나왔다.

사람들이 한창 열광하고 있을 때, 갑자기 강한 폭발음이 주변을 뒤흔들었다. 약 12초 뒤, 다시 한 번 폭발이 일어났다. 경기장은 순식간에 아수라

장으로 바뀌었다. 폭탄의 금속 파편이 하늘로 마구 치솟았고, 파편에 맞은 마라톤 주자와 구경꾼들이 여기저기 픽픽 쓰러졌다. 그 옆으로 지나가던 행인들은 갑작스런 상황에 놀라 비명을 지르며 황급히 몸을 피했다. 곧이어 사이렌 소리가 요란하게 울려 퍼졌다.

이것이 바로 9·11 이후 미국 내에서 벌어진 최악의 테러 사건으로 일컫는 '보스턴 마라톤 폭탄 테러 사건'이다. 이 사건으로 아홉 살짜리 남자아이를 비롯해 세 사람이 목숨을 잃었고, 180여 명이 부상을 당했다. 그중에는 팔이나 다리를 잃은 사람도 있었다.

현장에 급히 출동한 경찰과 군 수사관들은 곧장 용의자 파악에 착수했다. FBI는 공개 성명으로 시민들이 직접 찍은 현장 사진이나 동영상을 제보해 달라고 요청했다. 또 길가에 늘어선 가게를 일일이 방문해서 CCTV에 찍힌 영상을 모았다. 이렇게 모은 영상 자료는 길이가 총 백만 시간에 달했다.

곧바로 영상을 확인하고 분석하는 작업이 이루어졌다. 수사관들은 각기 다른 장소에서 같은 자동차가 반복적으로 나타난다든가 하는 패턴을 찾아 서로 맞춰 보았다.

마침내 FBI는 사건이 발생한 지 3일 만에 두 명의 용의자를 지목했다. 그리고 다음 날 대대적인 수색 작전 끝에 용의자 조하르 차르나예프를 검거했다. 테러범은 체첸 공화국에서 미국으로 이민 온 형제였으며, 그중 형 타메를란은 경찰과의 대치 과정에서 숨을 거두었다. 동생 조하르는 중상을 입은 채 달아나 주택가의 보트에 숨어 있다가 주민의 신고로 체포되었다.

이들 가족이 미국으로 이민 올 때만 해도 경기가 좋아 먹고살 만했으나, 이후 경기가 나빠지면서 아버지가 실직을 하게 되고 병까지 앓게 되었다. 결국 가정불화로 부모님이 이혼을 하자, 형제는 미국 사회에 제대로 적응하지 못해 방황하다가 끝내 이런 방식으로 분노를 터뜨리게 되었다고 한다.

이유야 어찌 됐든, 보스턴 마라톤 폭탄 테러 사건의 범인을 기록적인 시간 안에 추적하고 잡을 수 있었던 건 CCTV와 각종 제보 영상 덕분이라고 해도 과언이 아니다. 실제로 토머스 메니노 보스턴 시장은 트위터에 "우리가 용의자를 잡았다."는 글을 올려서 용의자 체포의 기쁨을 드러냈다.

두 얼굴의 CCTV

CCTV는 범죄 수사 현장에서뿐만 아니라 일상생활에서도 매우 유용하게 쓰인다.

• 혼잡한 기차역에 새 통로를 내어 달라는 의뢰를 받게 된 건축가. 그는 자료 조사를 시작하자마자 역 안에 설치된 CCTV 영상부터 살펴보았다. 어느 시간대에 어떤 이유로 사람들의 동선이 엉키는지 파악하기 위해서였다.

• 무인 세탁소를 처음 방문한 손님이 세탁기 사용법을 몰라 쩔쩔매다가 "궁금한 점이 있을 땐 이 전화번호로 연락 주세요."라고 적힌 안내판을 발견했다. 그 번호로 전화를 걸자 세탁소 점주가 친절하게 사용법을 알려 주었다. 그것을 신기하게 여긴 손님이 점주에게 이렇게 물었다.

"마치 눈앞에서 보는 것처럼 어쩌면 그렇게 설명을 잘하세요?"

점주가 껄껄 웃으며 답했다.

"CCTV로 가게 상황을 바로 확인하고 있으니까요."

• 운전자들은 대부분 라디오를 켜 둔다. 음악을 들으면서 무료함을 달래려는 의도도 있지만, 실시간으로 제공되는 도로 교통 상황을 듣기 위해서이기도 하다. 도시 교통 관리 센터에서는 고속도로는 물론, 내부 순환 도로, 외곽 순환 도로, 또 수많은 다리 등에 CCTV를 설치해 각종 교통 정보를 수집한 뒤 운전자들에게 전해 준다.

그 밖에도 CCTV는 든든한 경비원이 되기도 하고 예리한 기록관이 되기도 한다. CCTV의 유용성은 일일이 나열하기가 힘들 정도로 무궁무진하다. 그러나 사생활 보호론자들은 쓸모가 많은 기술일수록 부작용도 꼼꼼히 따져 보아야 한다고 지적한다.

• 공권력은 CCTV를 '합법적인' 골칫덩이(?)들, 이를테면 거리 집회 중인 시위대를 감시

하는 수단으로 이용할 수 있다.

- 만약 CCTV의 조작자가 그릇된 편견에 사로잡혀 있다면 거기에 담긴 영상을 객관적인 기록물이라고 보기 어렵다. 예컨대 조작자가 '이주 노동자는 범죄를 저지를 가능성이 높다.'는 전제를 깔고 그들만 집중적으로 감시한다고 치자. 애꿎은 사람들의 사생활을 함부로 침해할 수도 있지 않을까?

- CCTV가 설치된 장소는 어느 정도 안전해질지 몰라도, 설치가 되지 않은 곳은 그만큼 더 위험해질 가능성이 높다.

한마디로, 공공장소에 설치된 CCTV는 이중성을 띤다는 뜻이다. 어떤 사람에게는 호의적일 수 있지만, 어떤 사람에게는 적대적일 수도 있다는 것!

2010년에 남아프리카 공화국의 요하네스버그시에서 월드컵이 열렸다. 경기장 주변은 본래 우범 지역으로 알려져 있었으나, 월드컵 기간 동안에는 이렇다 할 사건 사고가 일어나지 않아서 성황리에 막을 내렸다.

여기에는 CCTV의 공이 매우 컸다. 월드컵을 맞이해 경기장 주변에 CCTV가 설치되자, 경찰은 본격적으로 치안 강화에 나섰다. 제일 먼저 그 주변에 머물던 노숙자들이 내쫓기고, 거리의 노점상들이 속속 철거되었다. 그리고 불법 이민자들이 곧 수사의 표적이 되었다.

월드컵이 끝난 지 7년이 지났지만 쫓겨난 사람들은 지금까지도 원래 자리로 돌아가지 못하고 있다. 왜 그럴까? 요하네스버그시의 월드컵 경기장에 설치된 CCTV는 단순한 감시 카메라가 아니었다. 이 CCTV는 얼굴 인식 기능이 들어 있는 데다 경찰이 관리하는 범죄자 파일과 연결되어 있었다. 경기장 근처에서 내쫓긴 사람들은 괜히 그곳으로 돌아갔다가 경찰의 표적이 되느니, 아예 CCTV가 없는 지역으로 이주하는 편이 낫겠다고 여겼는지도 모르겠다.

CCTV는 지켜보기만 할 뿐 아무 말도 하지 않는다. 하지만 노숙자와 노점상, 불법 이민자들에게 입도 벙긋하지 않은 채 그 누구보다 또렷하게 말을 하고 있었던 셈이다.

어떤 면에서는 그들이 점유하던 공간이 다수의 시민을 위한 쾌적한 공간으로 변신했으니 잘된 일이라 볼 수도 있다.

하지만 요하네스버그시의 월드컵 경기장에 설치된 CCTV가 그렇듯, 우리를 둘러싼 카메라들이 점점 더 똑똑해지고 있다는 사실을 결코 간과해서는 안 된다.

최근 부산의 해운대 해수욕장에는 물놀이하는 사람들이 위험 지대에 들어서면 재깍 알려 주는 지능형 CCTV가 등장했다고 한다. 바다에 그어진 가상의 안전선 밖으로 나간 사람이 발견되면 안전 요원을 호출하는 방

똑똑한 CCTV

만약 중국을 여행할 생각이라면 무단 횡단은 금물이다! 중국 도로에 설치된 CCTV는 사람을 단순히 지켜보는 게 아니라 똑바로 '알아보기' 때문이다.

만약 누군가 무단 횡단을 하다 CCTV에 찍혔다? 그 즉시 길거리에 설치된 전광판에 대문짝만하게 그 사람의 얼굴과 함께 신상 정보가 뜬다. 망신도 이런 망신이 있을까!

CCTV 하면 보통 영혼 없는 눈동자를 떠올리기 마련이지만, 최근 들어 빅데이터, AI, 사물 인터넷 등의 신기술과 만나면서 이처럼 강력해지고 있다. 단순히 시각 정보를 비추는 것뿐만 아니라, 읽고 해석하고 분석하면서 인간의 뇌에 비견될 정도로 발전하는 중이다.

나날이 똑똑해지는 CCTV 덕분에 화재 징후를 읽는 기능과 자연 재해를 분석하는 기능, 범죄자의 얼굴을 분간하는 기능 등이 보다 정밀해지고 있다.

영화에서는 흔히 범죄자들이 CCTV를 부수거나 스프레이를 뿌려 렌즈를 가리지만, 지능형 CCTV는 더 이상 이런 상해를 가만히 당하고 있지 않는다. 곧바로 알림 메시지를 전송해 버린다.

❓ 나의 생각은…

만약 우리 동네에 얼굴 인식 CCTV가 설치된다면 어떨까? 게다가 그 CCTV가 강력 범죄를 저지른 사람뿐만 아니라 무단 횡단하는 사람, 거리에 침 뱉는 사람, 쓰레기 버리는 사람까지 낱낱이 파악해서 불량 시민을 점찍는 수단이 된다면……?

식이다. 최첨단 IT 기술과 호흡을 착착 맞추면서 CCTV가 사회 곳곳에서
활약하고 있다.

자유의 상징이라며?

내 두 눈썹 사이의 거리는 얼마나 될까? 코 평수는? 턱 선의 길이는? 매일같이 거울을 들여다보는 나도 잘 모르는 내 얼굴의 정보를 감쪽같이 읽어 내는 기술이 있다. 바로 얼굴 인식 기술이다. 컴퓨터는 얼굴 인식을 위해 수백 가지의 소소한 치수를 분석하고, 이 치수로 3D 이미지를 만든다. 이렇게 만들어진 얼굴 정보는 DNA나 지문처럼 데이터베이스에 영구히 보관된다.

2013년에 기자 라이언 갤러거는 미국 뉴욕에 있는 자유의 여신상에 얼굴 인식 시스템이 도입될 수도 있다는 소문을 들었다. 라이언은 그 소문이 사실인지 확인하기 위해 취재에 나섰다.

"여보세요? 거기 미국 국립 공원 관리국이지요? 자유의 여신상에 얼굴 인식 시스템이 노입된다고 하던데, 그것

이 사실인가요?"

"당신, 어디 소속 기자요? 쓸데없는 질문이나 하고 다니다가는 고소당할 줄 아시오!"

그저 질문을 던졌을 뿐인데 다짜고짜 협박이라니! 꽤나 민감한 사안인 모양이었다.

자유의 여신상처럼 불특정 다수의 관광객이 몰려드는 세계 곳곳의 관광 명소에는 이미 첨단 기술을 갖춘 CCTV가 설치되어 있다고 한다. 혹시라도 일어날지 모르는 사건이나 사고를 대비하기 위해 24시간 레이더망을 가동하면서 아래 내용을 살핀다.

- 가방이나 배낭에 폭발물이 들어 있는지 확인한다.
- 도착한 사람과 떠난 사람, 남아 있는 사람이 몇 명인지 표시한다.
- 바닷가나 강가인 경우, 주변에 떠 있는 선박 가운데서 허가받은 배와 허가받지 않은 배를 구별한다.

물론 전 세계를 통틀어 보아도 국가 보안 계획을 투명하게 공개하는 정부 기관은 거의 없다. 범죄자나 테러리스트가 그 사실을 알고 보안 시스템을 아예 무력화시킬 수 있기 때문이다.

하지만 라이언은 말한다. 만약 자유의 여신상에 정말로 얼굴 인식 시스템이 도입되었다면, 매년 이곳을 찾는 3백만 명 이상의 무고한 관광객들은 자신의 얼굴이 카메라에 찍혀 영원히 보관될 수 있다는 사실을 알아야 한다고.

생활 속으로 쑥 들어온 생체 인식

1990년대의 영화 〈007〉 시리즈나 〈미션 임파서블〉 시리즈를 보면 지문 인식이나 음성 인식 같은 보안 장치가 등장한다. 그때만 해도 그저 영화 속에서나 가능한 일이라고 여겼지만, 지금은 생활 곳곳에서 심심찮게 만날 수 있다.

2000년대에 들어서면서 영화 속의 보안 장치도 진화를 거듭해 홍채 인식은 물론 망막 인식, 얼굴 인식, 정맥 인식, 손 모양 인식 등 그 종류가 무척 다양해졌다. 이 가운데서 홍채 인식과 망막 인식은 대세로 자리를 잡아가고 있다고 해도 과언이 아닐 만큼 여러 곳에서 쓰이고 있다.

톰 크루즈 주연의 영화 〈마이너리티 리포트〉에는 주인공이 다른 사람의 안구를 자기 눈에 이식하는 장면이 나온다. 〈스타트랙 다크니스〉에는 얼굴 인식 기술이 나오는데, 광 센서가 사람의 몸을 통과해 3차원으로 신원 정보를 파악한다. 또, 〈미녀 삼총사〉에서는 보안이 철저한 회사에 잠입하기 위해 술병에 묻은 지문을 채취해 손가락 모형을 만드는 장면이 등장한다. 그뿐 아니라 몰래 찍은 망막 사진을 콘텍트렌즈에 인쇄해 지문 인식과 망막 인식 장치를 별문제 없이 통과한다.

영화 속의 첨단 장치들은 모두 생체 인식 기술을 바탕으로 하고 있다. 생체 인식은 사람마다 고유한 생체 정보를 뽑아내어 판별하는 기술로, 지문과 얼굴, 홍채, 망막, 손 모양, 정맥, 음성, 체취, 걸음걸이 등 신체와 신체 활동의 주요 특징을 기반으로 한다. 그리고 우리가 지금까지 사용해 온 신분 검증을 위한 수단, 즉 비밀번호와 ID 카드, 스마트 카드보다 훨씬 더 많은 장점을 가지고 있다.

가장 흔하게 사용되는 생체 인식 기술은 바로 지문 인식이다. 지문은 엄마 배 속에서 맨 처음 생겨난 뒤, 피부가 손상되지 않는 한 평생토록 변하지 않는 특성이 있어서 꽤 오래전부터 주목을 받았다.

지문의 특징은 사람마다 달라서 (일란성 쌍둥이도 다르다.) 비밀번호로 삼기에 안성맞춤이다. 원리는 지문의 무늬와 기울기, 분기점, 끝점 등의 특징을 파악한 다음, 미리 저장해 둔 데이터베이스의 정보와 일치하는지 비교하는 것이다.

그다음으로 많이 쓰이는 것은 홍채 인식이다. 홍채는 생후 6개월쯤에 생겨나기 시작해 3년 이내에 특유의 형태로 자리 잡는데, 쌍둥이조차도 홍채의 패턴이 다를 만큼 사람마다 고유한 특징을 지닌다. 홍채 인식은 홍채를 수십 개의 영역으로 쪼갠 뒤 영역별 패턴(줄무늬, 주름)과 색깔을 분석해서 신분을 확인한다.

앞에서 말한 대로, 지문 인식 시스템은 우리 생활 속으로 아주 깊숙이

들어와 있다. 미국의 애플사에서는 아이폰 5S를 시작으로 지문 인식 장치를 장착하고 있으며, 마이크로소프트사는 지문 또는 얼굴 인식으로 로그인하는 '헬로' 시스템이 포함된 윈도우10을 출시했다.

한국의 경우, 사설 학원에서 학생들의 출석 여부를 확인하여 부모에게 문자 메시지로 통보해 주는 지문 인식 시스템이 널리 쓰이고 있다. 아이가 학원에 등원한 뒤, 안내 데스크에 설치된 지문 인식 장치에 검지를 갖다 대면, "이유리 학생이 16시 57분에 도착하였습니다. 푸른숲학원."이라 적힌 문자 메시지가 부모에게 전송된다.

수업을 마치고 집으로 돌아갈 때도 마찬가지다. 이러한 시스템 덕분에 부모는 아이가 딴 길로 새지 않고 학원에 무사히 도착했음을 확인하고, 또 하원 시에는 곧 귀가하게 될 아이를 맞이할 준비를 서두른다.

한편, 김포공항과 제주공항 국내선에서는 신분증 없이 지문과 손바닥 정맥을 이용해 신원을 확인하고 있다. 인천공항에서도 사전 등록 없이 여권과 지문 인식으로 자동 출입국 심사대를 이용할 수 있다.

생체 인식 시스템을 도입하기 위해서는 개인의 생체 정보를 수집하는 과정이 반드시 있어야 하며, 그 정보를 데이터베이스에 저장해야 한다. 이 점에 대해 많은 사람들이 거부감을 느끼고 있다. 생체 인식 기술을 실용화하기 위해서는 정보 수집 과정에 대한 부담감과 정보 보안에 대해 사람들이 느끼는 불안을 반드시 해소해 줄 수 있어야 한다.

피부색이 검으면 무조건 도둑?

쇼핑몰은 공공장소일까, 아닐까? 대체로 쇼핑몰은 수많은 인파가 오가는 시내 한복판에 크고 멋지게 지어져 있다. 그래서 우리는 쇼핑몰을 공공장소로 착각하기가 쉽다. 엄밀히 말해서, 쇼핑몰은 기업이 상거래를 위해 소유하고 있는 사유지다.

2015년에 호주의 애플 매장에서 흑인 청소년들이 쫓겨나는 사건이 벌어졌다. 보안 직원이 대뜸 "너희는 매장에서 뭘 훔칠지 모르니 어서 나가라."고 한 것. 이 장면을 촬영한 휴대폰 영상은 한동안 '애플사의 갑질 논란'이란 주제로 온라인 여론을 뜨겁게 달구다가 결국 주요 시간대에 방송되는 뉴스에까지 등장했다.

특별한 경우, 사업주는 손님에게 퇴장을 요구할 권리가 있다. 그 손님이 다른 쇼핑객에게 폐를 끼쳤다든지, 범죄에 가까운 행동을 했다면 말이다.

하지만 인종이나 나이, 성별에 따라 사람을 달리 대우하는 것은 엄연한 차별이다.

이슬람 국가인 사우디아라비아에서는 쇼핑몰 경비원이 여성 쇼핑객이나, 기도 시간에 쇼핑하는 남성을 감시한다. 여성을 남성의 부속품 정도로 여기고 있어서 혼자 외출하는 것을 곱게 보지 않고, 아무리 남자라도 이슬람 율법을 어기는 것은 사회 관습에 어긋나는 행동으로 여기기 때문이다.

이렇게 편협한 가치관이 얼굴 인식 CCTV와 같은 첨단 기술을 만나게 되면 어떤 일이 벌어질까? 옷차림과 외모만으로 평가받는 것은 어떤 이유로도 옳지 않다.

CCTV 풍선 효과

잔뜩 부푼 풍선의 한쪽을 손가락으로 꾹 누르면 어떻게 될까? 다른 쪽이 금세 동그랗게 부풀어 오르기 마련이다. 사회 문제를 해결하는 데 강제적인 힘을 쓰면 당장은 효과가 있을지 모르지만, 다른 쪽에서 비슷한 문제가 불거져 똑같이 반복되는 상태를 '풍선 효과'라고 부른다.

난데없이 웬 풍선 타령이냐고? 바로 CCTV가 풍선 효과 논란에 휩싸여 있기 때문이다.

CCTV로 한 구역을 면밀히 감시했더니, CCTV가 설치되지 않은 지역에서 범죄율이 높아졌다. 범죄가 사라지는 게 아니라 옮겨 간 셈이다. 그런 까닭에 요즘엔 주민들이 나서서 CCTV를 더 많이 설치해 달라고 요구하기도 한다.

만약 전 세계에 CCTV를 촘촘하게 설치한다면 범죄는 영원히 사라지

게 될까? 대신 우리는 그만큼 자유를 잃게 될 것이다.

기술과 더불어 살아가는 지혜

구글의 스트리트뷰, 네이버의 로드뷰, 다음의 거리뷰……. 요즘 십 대 중에 이런 지도 서비스를 모르는 친구는 아마 없겠지? 2007년에 3D 지도 서비스가 처음으로 등장해 사람의 눈높이에서 촬영한 지구 구석구석의 모습을 보여 주자 우리는 누구나 가고 싶은 먼 나라의 골목길을 구석구석 답사해 볼 수 있게 되었다. 마치 마법 양탄자라도 탄 것처럼!

"새로운 세상을 보여 줄게요. 반짝반짝 빛나는 찬란한 세상을. 당신의 두 눈이 번쩍 뜨일 거예요. 놀라움이 가득한 곳으로 데려갈 테니까요. 위로, 옆으로, 아래로 날아다니는 마법의 양탄자를 타고요."

_만화 영화 〈알라딘〉 주제가 〈A Whole New World〉에서

하지만 3D 지도는 경이로운 자연과 명소만을 담아내지 않았다. 한국에서는 핏자국이 흥건한 폭력 현장이 날것 그대로 지도에 담겨 사람들을 충격에 빠뜨렸고, 대만에서는 알몸으로 서 있는 여성이 찍혀 논란을 불러 일으켰다. 과학 기술은 순기능과 역기능을 동시에 지니고 있기 마련이니 우리는 지혜롭게 살아갈 방법을 끊임없이 모색해야 한다.

"기술 자체는 결정적인 역할을 하지 않는다. 같은 기술로도 전혀 다른 사회가 만들어진다. 19세기 산업 혁명 시대에 등장한 증기 엔진 기술이 자유주의와 민주주의, 파시즘 사회 등 여러 사회를 만들었듯이. 결국은 인간의 마음이 어떤 이야기를 만드느냐가 가장 중요하다. 그것은 기술의 방향, 더 나아가 사회의 운명까지 결정할 것이다."

_2016년도 서울 포럼, 《사피엔스》 저자 유발 하라리 강연에서

우리는 인터넷을 통해 친구들과 안부를 나누고, 갖가지 탄원에 동참하며, 귀여운 새끼 고양이 사진을 퍼 나른다. 이 모든 활동의 밑바닥에는 공유의 정신이 깔려 있다.

"저기, 난 이런 사람이야. 넌 어때? 우리는 이런 점이 똑같군."

사실, 인터넷을 사용하다 보면 자신도 모르게 너무 많은 비밀을 흘릴 때도 있다. 이렇게 새어 나간 비밀이 악용되는 순간, 인터넷에서 누리던 공유의 즐거움이 무시무시한 악몽으로 바뀐다.

인터넷의 거미줄에 걸리다!

앗, 코닥 캐메라다!

사생활의 개념을 최초로 심도 있게 다룬 사람은 미국의 법률가 루이스 브랜다이스와 새뮤얼 워런이다.

> 어이, 친구! 사람마다 사적 영역이란 게 있다는 생각을 한 번이라도 해 봤어?

> 엉?

> 누구나 다른 사람과 공유하고 싶지 않은 내면의 영역이 있기 마련이잖아.

> 엉.

> 단짝하고만 은밀히 나누고 싶은 비밀도 있고, 모든 친구한테 털어놓아도 상관없는 얘기도 있지. 마지막으로, 대상이 누구든 관계없이 아무하고나 말할 수 있는 얘기도 있다 이거지.……인정?

> 엉, 인정. 누가 설명충 아니랄까 봐! ㅎㅎㅎ

두 법률가가 이런 의견을 내놓은 데는 특별한 계기가 있었다. 그 당시, 사람들 사이에서 위협적이고 두려운 발명품으로 여겨지는 물건이 큰 화제를 끌고 있었기 때문이다.

그것은 바로…… 놀랍게도 코닥 카메라였다.

그 전까지는 사진을 찍으려면 커다란 유리판과 묵직한 장비가 필요했다. 사진을 찍는 일이 엄청난 이벤트였던 셈이다. 그런데 1888년에 갑자기 100장의 필름이 내장된 휴대용 카메라가 등장하면서 소소한 일상까지 사진 속에 담기기 시작했다. 신문 기자들은 아무런 예고도 없이 유명 인사에게 다가가 카메라 셔터를 마구 눌러 댔다.

〈뉴욕 타임스〉는 이런 분위기가 몹시 못마땅했던 모양이다. 코닥광(狂)들이 닥치는 대로 사진을 찍어서 삼류 신문에 판매하고 있다며 개탄하는 기사를 썼으니……. 사람들은 거리 곳곳에서 시도 때도 없이 코닥 카메라와 마주치며 사진 열풍에 시달렸다.

지금은 그때의 혼란이 도리어 우스꽝스럽게 여겨질지도 모르겠다. 파파라치가 판을 치고, 아이돌 사생팬이 대포 카메라를 들고 뛰어다니는 세상이니까. 휴대폰의 카메라 기능도 나날이 발전해 가고 있어서 누구나 언제든 마음껏 사진을 찍을 수 있다.

어쨌든 이 소동은 타인에 의해 개인의 삶이 침해당한 최초의 사례라고 볼 수 있다.

사생활 보호법의 탄생

카메라가 흔해 빠진 물건이 되면서 사생활 보호가 더욱 중요해졌다. 1960년에 변호사 윌리엄 프로서는 미국 역사상 최초로 사생활 보호법을 제안했다. 윌리엄은 사생활 침해를 크게 네 가지로 보았다.

1. 개인적인 공간이나 사적인 일을 침범하는 일
2. 개인적으로 밝히고 싶지 않은 비밀을 공개하는 일
3. 거짓 여론을 조성하는 일
4. 이름이나 사진 등을 무단으로 사용하는 일

만약 누군가가 내 축구 경기 사진을 몰래 가져가서 포토샵으로 축구공을 오려 낸 다음, 새끼 고양이 사진을 대신 붙여 넣었다고 생각해 보자. 혹시라도 나에게 고양이 학대범이라는 누명을 씌워서 동물 보호론자들을 분노하게 만든다면? 그건 바로 거짓 여론을 만들어 사생활을 침해한 행위다.

또, 무좀약을 만드는 회사가 내 사진을 동의 없이 자기네 광고에 썼다면? 그건 사진을 무단으로 사용해 사생활을 침해한 예에 해당한다.

윌리엄이 제시한 사생활의 네 가지 범주는 곧 전 세계 입법 기관에 큰 영향을 미쳤다. 앙골라, 아르헨티나, 베네수엘라, 짐바브웨 등의 나라에서

이를 바탕으로 사생활 보호법을 제
정했다.

그런데 요즘은 이런 법규로 해결
할 수 없는 사뭇 낯선 사생활 침해
사례가 속속 등장하고 있다. 사이버
폭력을 비롯해서 개인 정보 유출, 소
셜 미디어 사찰 같은 사건들이 바로
그 예다. 새로운 과학 기술과 함께
반세기 전까지만 해도 보지도 듣지
도 못한 문제들이 곳곳에서 지뢰처
럼 툭툭 터지고 있다.

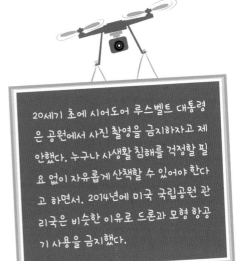

20세기 초에 시어도어 루스벨트 대통령
은 공원에서 사진 촬영을 금지하자고 제
안했다. 누구나 사생활 침해를 걱정할 필
요 없이 자유롭게 산책할 수 있어야 한다
고 하면서. 2014년에 미국 국립공원 관
리국은 비슷한 이유로 드론과 모형 항공
기 사용을 금지했다.

지금의 우리 모습이 마치 코닥 카메라가 처음 등장했을 때 "대체 세상이
어떻게 돌아가는 거야?"라고 놀라며 허둥대던 19세기 말 사람들과 별반
다르지 않은 듯하다.

디지털 문신

페이스북, 트위터, 유튜브, 인스타그램 같은 소셜 미디어 사이트에 사진
이나 글을 게재할 때마다 우리는 정보 공개 범위를 설정하곤 한다. 이 설

정을 어떻게 하느냐에 따라 내가 올린 정보가 몇몇 친구와 공유되기도 하고, 전 세계의 수많은 사람들에게 노출되기도 한다.

우리가 온라인에 남겨 놓은 정보는 흔히 '디지털 문신'이라고 불린다. 한 번 새기고 나면 절대 지워지지 않는 문신용 잉크처럼 우리 삶에 영원히 들러붙어서 따라다니기 때문이다.

소셜 미디어에서는 무엇보다 신뢰를 바탕으로 소통이 이루어진다. 내가 극소수의 친구에게만 공개하도록 설정한 카카오스토리에서 비밀 이야기를 털어놓았다면, 그건 친구들이 내 비밀을 지켜 주리라는 믿음이 있어서 그리한 것이다.

청소년 시기에는 유난히 친구 관계가 삶에 영향을 많이 미친다. 그래서인지 인터넷에서 친구를 만나고 정보를 공유하는 일에도 많은 시간과 공을 들인다.

2015년에 미국의 여론 조사 기관인 퓨 리서치 센터는 다음과 같은 통계를 공개했다.

• 미국 청소년의 91%가 소셜 미디어를 통해 자신의 사진을 공유하고 있다.

• 청소년 가운데 71%는 자신이 다니는 학교나 살고 있는 도시 이름을 노출하고 있다.

- 50% 이상의 청소년이 메일 주소를, 다섯 명 중 한 명이 휴대폰 번호를 공개하고 있다.

이 통계에 따르면 청소년 여섯 명 중 한 명은 온라인 상에서 낯선 사람이 접근해 왔을 때 두려움이나 불편함을 느낀 경험이 있다고 한다. 그런데도 온라인에 노출된 자신의 개인 정보가 악용될 가능성을 염려하고 있다는 대답은 단 9%에 불과했다.

2012년에 한국청소년정책연구원이 전국 164개 고등학교 및 대학교에서 학생 4,876명을 대상으로 조사한 통계를 살펴보자.

- 소셜 미디어에 개인 정보(연락처 또는 재학 중인 학교)가 유출된 적이 있느냐는 질문에 '그렇다.'라고 답한 학생이 45.7%에 달했다.
- 소셜 미디어를 사용하는 학생 중 65%는 일주일에 한 번 이상 직접 글이나 사진을 올리는 것으로 드러났다.
- 90%의 학생들이 잘 알지 못하는 사람에게 친구 신청을 받은 경험이 있다고 답했다.

나는 소셜 미디어에 내 모습을 어디까지 드러내고 있을까? 어느 정도의 개인 정보를 공개하는 것은 진솔한 친구 관계를 맺는 데 큰 도움이 되기도 한다. 하지만 어디까지를 내보이고, 어디까지를 감추어야 할까? 이 문제에 대해서 저마다 판단 기준을 세워야 하지 않을까?

사이버 폭력에 감염되다

아만다 토드(12세, 캐나다)는 부모님을 따라 새로운 지역으로 이사를 온 뒤, 한동안 온라인 채팅에 푹 빠져 지냈다. 학교도 동네도 낯설기만 한데, 온라인에서 만난 사람들은 아만다에게 예쁘다는 둥, 귀엽다는 둥 하면서 온갖 달콤한 칭찬을 해 주었기 때문이다. 그러던 어느 날, 아만다는 자신의 추종자들이 요청하는 대로 웹캠 앞에서 가슴을 드러내 보였다.

1년이 지난 뒤, 아만다에게 익명의 페이스북 메시지가 날아왔다. 세상

≶ 우리가 할 수 있는 일 ≶

소셜 미디어에 글이나 사진을 올릴 때, 나만의 허용선을 찾기 어렵다면 "할머니께서 이걸 보고 뭐라고 하실까?"라는 질문을 스스로에게 던져 보자. 할머니를 엄마나 아빠로 바꾸어 생각해도 무방하다. 가장 가까운 가족에게도 보여 주고 싶지 않은 사진이라면, 당연히 대학 입시 면접관이나 미래의 고용주한테도 보이고 싶지 않을 테니까. 무심코 '게시' 버튼을 클릭하기 전에 다시 한 번 생각해 보자. 소셜 미디어란 매우 다양한 사람이 모여 있는 공공장소나 다름없다.

에, 자신을 위해 더 많은 '쇼'를 보여 달라는 내용이었다. 그러지 않으면 아만다의 가슴 노출 사진을 가족과 친구들에게 공개하겠다는 협박도 들어 있었다. 곧이어 누군가가 그 사진이 실린 페이스북 페이지를 열었다. 거기에는 아만다를 향해 천박하다고 헐뜯는 댓글이 빗발치고 있었다.

학교에서 어렵사리 새로 사귄 친구들이 하나둘 떠나갔다. 급기야 따돌림까지 당하게 되면서 학교생활이 아예 불가능해졌다. 두 번이나 전학을 했지만, 상황은 점점 나빠졌다. 아만다는 결국 자신을 위기로 몰아넣은 몸에

상처를 내며 자해를 하기 시작했다. 정신과 치료도 아무 소용이 없었다.

시간이 흘러 열네 살이 되었지만, 아만다의 시간은 여전히 2년 전에 머물러 있었다. 아만다는 자신이 겪어 온 고통을 설명하기 위해 종이쪽지에 지금껏 일어난 일들을 하나씩 써 내려갔다.

"……내 삶은 과거에 얽매여 있어. 더 이상 학교에 갈 수도, 사람을 만날 수도 없어. 지금 내게 남아 있는 건 뭘까?"

그러고는 그 쪽지들을 한 장 한 장 넘겨 보여 주는 메시지 카드 영상을 촬영해 유튜브에 올렸다. 이 유튜브 영상을 두고도 아만다를 둘러싼 독기 어린 비난은 수그러들 줄 몰랐다. 한 달 뒤, 아만다는 결국 스스로 목숨을 끊었다.

아만다가 세상을 떠난 뒤, 36세의 네덜란드 남자가 아만다를 사이버 스토킹한 혐의로 체포되었다. 그러나 사이버 폭력에 가담했던 수많은 사람들은 아무런 처벌도 받지 않았다.

사이버 폭력에 시달리던 청소년이 극단적인 선택을 하는 비극이 전 세계 곳곳에서 실시간으로 벌어지고 있다.

• 2010년에 타일러 클레멘티(18세, 미국)는 기숙사에서 동성 친구와 입맞춤을 했다. 그런데 룸메이트가 그 장면을 몰래 촬영해 교내에 중계 방송을 했다. 그 일이 있고 나서 얼마 뒤, 타일러는 다리에서 뛰어내려 스스로 목숨을 끊었다.

누구의 잘못일까?

매슈 호믹(14세, 미국)은 말더듬증, 우울증, 자해 증세로 몇 년 동안 병원 신세를 졌다. 2013년에 우연히 알게 된 소셜 미디어 상담 사이트에 정신 질환에 대한 상담 글을 올렸다. 그러자 도움이 되는 답변은커녕, 매슈의 정신 질환을 조롱하거나 성적 지향을 캐묻는 댓글이 줄줄이 달렸다.

매슈는 아버지에게 이 사실을 털어놓았고, 다시는 그 사이트에 접속하지 말라는 조언을 들었다. 하지만 매슈는 사람들이 자신에게 뭐라고 하는지 신경이 쓰여서 계속해서 사이트에 접속했다. 어쩌면 단 한 사람이라도 도움이 될 만한 조언을 해 줄지도 모른다는 한 가닥 희망을 품고 있었는지도 모르겠다.

2014년에 매슈는 다시 병원에 입원했고, 퇴원한 날 밤에 스스로 목숨을 끊었다.

? 나의 생각은...

매슈는 사이버 폭력을 맞닥뜨리기 전에 이미 우울증을 앓고 있었다. 그렇다면 매슈의 자살은 누구의 잘못일까? 모욕적인 글을 관리하는 데 나태했던 사이트 운영자일까? 아니면 접속을 멈추지 못하고 그 사이트를 계속 기웃거린 매슈 자신일까?

오·싸·한 👁 경·계·선

• 2013년에 한나 스미스(14세, 영국)는 페이스북과 연결된 온라인 상담 사이트에 습진에 대한 고민 상담 글을 올렸다. 그러자 네티즌들이 한나의 페이스북 계정으로 몰려와 상담 내용과는 아무 상관도 없는 악플을 달며 자살을 종용했다. 얼마 후, 한나는 목을 맨 채 침실에서 발견되었다.

• 2017년에 여중생 A(16세, 한국)는 단지 또래 남학생과 대화를 나누었다는 이유만으로 사이버 폭력의 희생자가 되었다. 가해 여학생은 자신의 남자 친구와 대화를 나눈 A를 두고 '걸레××'라고 지칭하며 SNS로 거짓 소문을 퍼

⟩ 우리가 할 수 있는 일 ⟨

사이버 폭력은 '조용한 폭력'이라고 불린다. 신체적 폭력과 달리 밖으로는 잘 드러나지 않기도 하지만, 때로는 장난인지 진짜인지 분간하기조차 어렵다. 사이버 폭력을 당하더라도 어른들에게 휴대폰을 빼앗길까 봐 입을 꾹 다무는 경우도 있다.
물론 신중하게 판단하고 행동해야 하는 건 옳지만, 너무 늦지 않게 주위의 도움을 받는 것이 중요하다. 혹시라도 사이버 폭력을 당했을 땐 어떻게 해야 할까?

→ 증거를 최대한 많이 남긴다. 날짜와 시간, 인터넷 주소, 접속 IP 등 작성자를 알 수 있는 자료가 되는 화면을 스크린샷으로 저장한다.

→ 불특정 다수의 사람들이 접근할 수 없는 1:1 대화창은 증거로 인정되기 어려울 수 있지만, 단톡방 등에서 벌어진 대화는 사이버 폭력 수사에 매우 중요한 증거가 된다.

→ 부모님께 사이버 폭력을 당했다는 사실을 알린다.

→ 경찰청 사이버 안전국(http://cyberbureau.police.go.kr/index.do)에 신고한다.

→ 증거가 확보된 후에는 인터넷 접속을 자제한다.

→ 상담 기관의 도움을 받는다.

• 위센터 http://www.wee.go.kr/home/main.php

• 청소년 사이버 상담 센터 https://www.cyber1388.kr:447/

• 청소년 전화 http://1388.kyci.or.kr/index.asp (전화 상담 : 지역번호+1388)

• 청소년 폭력 예방 재단 학교 폭력 SOS 지원단 http://jikim.net/sos/ (전화 상담 : 1599-9128)

• 117 학교 폭력 신고 센터 실시간 1:1 상담 http://www.safe182.go.kr (전화 상담 : 국번 없이 117)

뜨렸다. 그 일로 학교에서 집단 따돌림을 당하던 A는 결국 아파트 옥상에서 투신했다.

사이버 폭력은 피해자가 인터넷에 접속해 있는 한 24시간 내내 지속된다. 피해자 입장에서는 결코 헤어날 수 없는 덫에 사로잡혀 있다고 느낄 수밖에 없다.

주로 암호화된 형태로 벌어지기 때문에 사이버 폭력은 문제를 해결하기가 여간 어렵지 않다. 누군가를 암시하는 해시태그가 만들어지면 증거를 남기지 않고도 얼마든지 대상을 비난하거나 비하할 수 있으니까.

다행히 이에 대한 대응책도 점차 발전해 가고 있다. 최근에는 경찰이 피해자의 ID를 빌려 가해자와 채팅하면서 수사를 하는 경우도 있었다. 한국에서는 청소년 보호를 위해 각종 통신사와 SNS에 욕설이나 혐오의 감정이 섞인 낱말이 포함될 경우 이를 차단하는 필터링 기능을 의무화하고 있다.

개인 정보를 훔치는 아이들

2004년에 경찰이 서울 돈암동의 한 아파트를 포위했다. 이 아파트 단지 안에 경관을 살해하고 도피 중인 지명 수배자 이 씨가 숨어 있다는 정보를 입수했기 때문이다. 수사의 단서가 된 것은 이 씨의 주민등록번호로 개설

된 ID의 접속 기록이었다.

경찰 수백 명이 밤늦게 아파트 두 개 동, 그러니까 700여 가구를 수색해 나갔다. 그 결과 ID의 주인은……, 뜻밖에도 초등학생으로 밝혀졌다.

한국에서는 주민등록번호를 도용한 사실이 발각되면 주민등록법에 따라 3년 이하의 징역이나 1,000만원 이하의 벌금에 처해진다. 뿐만 아니라 사기죄까지 적용되어서 10년 이하의 징역이나 2,000만원 이하의 벌금형을 받을 수도 있다.

"죄송해요. 인터넷 접속을 바로 끊으면 괜찮을 줄 알았어요……."

이 초등학생은 아파트 상가에 붙어 있던 지명 수배자 전단지에 적힌 주민등록번호로 인터넷 사이트에 접속했고, 성인 인증이 필요한 게임을 내려받은 뒤 인터넷 접속을 종료했다. 그러나 잠시 동안의 접속으로도 기록이 또렷이 남아 있어서 경찰력이 대거 투입되고 말았다.

미성년 게임 유저들이 부모님이나 성인이 된 형제의 명의를 도용하는 것은 사실 흔하디흔한 일이다. 그런데 이렇게 개인 정보를 도용당한 가족의 기분은 어떨까? 한 번쯤 진지하게 생각해 볼 필요가 있다. 초등학교에 다니는 동생에게 주민등록번호를 도용당한 대학생 형은 이렇게 토로한다.

"제 동생이 〈오버워치〉를 하겠다고 제 주민등록번호로 ID를 만든 거예요. 제 허락도 없이요. 그러면 다들 제가 그 게임을 하는 줄 알 거 아녜요? 더 기막힌 건 그 ID를 친구들하고 같이 막 돌려썼대요."

2016년 여름에는 15세 이용가 게임인 〈오버워치〉가 한국에서 대대적인 인기를 끌었다. PC방에서 이 게임을 하는 초등학생과 중학생이 많아지자, 신고를 받고 경찰이 출동하는 일이 잦았다. 이 게임은 계정을 생성할 때 유저의 개인 정보를 수집하기 때문에 초등학생이나 15세 미만의 중학생은 가입할 수가 없다. 그런데도 PC방에서 버젓이 게임을 하고 있다면? 개인 정보를 도용했을 가능성이 아주 높다.

가족 간의 개인 정보 도용은 신고하기가 어렵지만, 이 또한 분명히 법을 위반하는 행위라는 사실만큼은 잊지 말도록 하자.

⇉ 우리가 할 수 있는 일 ⇇

전문가들은 인터넷에 접속할 때, 다음의 안전 규칙을 절대로 잊어서는 안 된다고 한다. 언뜻 사소해 보여서 방심하기 쉽지만 찬찬히 되새겨 보자.

→ 낯선 사람에게 절대로 이름, 주소, 전화번호를 넘기지 마라.

→ 어떤 상황에서도 비밀번호를 공유하지 마라.

→ 실생활의 일과표와 앞으로의 계획을 이야기하지 마라.

→ 가족 몰래 온라인 친구를 직접 만나지 마라.

→ P2P 공유 폴더에 개인 정보를 저장하지 마라.

→ PC방 등 공공장소에서는 메신저를 사용하지 마라.

→ 무료 Wi-Fi를 사용할 때 해킹 위험이 있다는 사실을 기억하라.

→ 공공장소에 설치된 컴퓨터를 이용한 경우에는 반드시 로그아웃하라.

→ 출처가 불분명한 자료를 내려받지 마라.

현대판 마녀사냥

유치원이나 초등학교에 다니던 *꼬꼬마* 시절, 대부분 자기소개 포스터를 만들어 보았을 것이다. 새로 만난 친구들에게 자신을 소개하기 위해 큰 종이에 이름과 나이, 집 주소, 부모님 성함, 취미와 특기, 장래 희망, 좋아하는 음식 등등의 내용을 줄줄이 적는 일이 기억나는지?

능숙한 해커에게 온라인 프로필은 그야말로 자기소개 포스터나 다름없다. 우리는 이 사이트에는 이메일 주소를, 저 사이트에는 전화번호를, 또 다른 사이트에는 소속 학교의 동아리 사진을 노출하곤 한다. 그런데 이제껏 살펴본 사례들이 말해 주듯, 누군가 마음먹고 이 정보를 줄줄이 꿴다면 내 뜻과 상관없이 어느 순간 내 인생이 휘청거릴 수도 있다.

온라인 상에서 개인 정보를 수집해 멋대로 공개하는 행위를 신상털이 또는 독싱이라고 부른다.

독싱은 대개 특정인에 대한 대중의 심판을 끌어낼 때 자주 사용된다. 비윤리적인 회사 경영진의 집 전화번호를 온라인에 공개하고 사람들에게 항의 전화를 걸라고 부추기는 것이 그런 경우이다. 정치권에서도 선거철만 되면 반대 진영의 정치인을 독싱하는 일이 비일비재하다.

평범한 학생 신분일 때는 별문제가 되지 않다가도, 몇십 년 뒤에 연예인이나 정치인같이 유명 인사가 되거나 어떤 사건에 휘말리게 되면 얼마든

온라인 상의 혐오 발언을 멈추기 위해서는 인터넷 실명제를 도입해야 한다는 주장이 있다. 여기에 익명이야말로 힘없는 사람들을 위한 최소한의 안전장치이며, 인터넷의 가치는 표현의 자유에 있다는 주장이 팽팽히 맞서고 있다. "그에게 가면을 줘라. 그러면 진실을 말할 것이다."라는 오스카 와일드의 말처럼 가면(익명)이 가지는 힘 역시 무시할 수 없는 현실이기도 하다.

지 독싱의 피해자가 될 수 있다.

2015년에 미국 대통령 후보로 나선 도널드 트럼프는 텔레비전 생중계로 상대편 후보의 휴대폰 번호를 공개했다. 이런 행위는 명백하게 사생활 침해에 해당한다. 전 세계 사람들이 휴대폰으로 쉴 새 없이 상대편 후보에게 협박 메시지를 보낸다면? 생각만 해도 아찔하다.

보이지 않는 낚시꾼

"공짜 해외여행 이벤트? 우아! 이름하고 주소만 적어 넣으면 100% 당첨이라고? 한번 해 볼까?"

클릭.

"당첨을 축하드립니다. 제세 공과금 납부를 위해 주민등록번호를 입력하세요……' 뭐, 이쯤이야~!"

또 클릭.

이 각박한 세상에서 공짜 해외여행이라니! 그런 행운을 잡기란 로또 당첨만큼이나 어렵다. 하지만 더 중요한 것은 대부분 과장 광고라는 사실! 해외여행은커녕 개인 정보를 낚시질하는 사기꾼에게 걸릴 확률이 꽤 높다.

사이버 피싱이든 보이스 피싱이든, 피싱은 여간해서는 알아차리기 힘들만큼 교묘한 수법으로 일어난다.

2015년에 K군(고등학생, 한국)은 이십 대 여성과 휴대폰으로 화상 채팅

이메일 비밀번호: 보라땅콩123
주소: 사이버구 미래로 27
전화번호: 010-765-4321
나이: 14세
주민등록번호: 200301-4567890

을 하다가 이런 부탁을 받았다.

"목소리가 왜 안 들리지? 이 애플리케이션, 내가 사용해 보니까 괜찮더라. 너도 깔아 볼래?"

K군은 별생각 없이 애플리케이션을 설치한 뒤 채팅을 이어 갔다. 고등학생에게 어울리지 않는 음탕한 농담과 몸짓이 오갔다. 그런데 며칠 뒤, 협박 문자가 왔다. 얼마 전에 화상 채팅한 내용을 동영상 파일로 녹화해서 보관 중이니, 친구들에게 영상을 뿌리기 전에 돈을 송금하라는 것이었다.

경찰은 K군이 애플리케이션을 설치할 때 악성 코드에 감염되면서 휴대폰에 저장되어 있던 연락처가 그 여성한테 모두 전송된 사실을 파악했다.

온라인 상의 낚시꾼들은 온라인 쇼핑몰이나 공공기관을 흉내 낸 가짜 사이트로 덫을 놓기도 하고, 친구나 가족의 프로필 사진을 도용해서 SNS

⇒ 우리가 할 수 있는 일 ⇐

행정안전부가 운영하는 '개인 정보 보호 종합 포털'에서 내가 가입한 사이트를 한눈에 살펴볼 수 있다. 불필요한 사이트에 내 주민등록번호가 등록되어 있는지 확인해 보고, 탈퇴하거나 개인 정보를 삭제해 달라고 요청하자.

→ 개인 정보 보호 종합 포털 홈페이지 〉 민원 마당 〉 본인 확인 내역 통합 조회 〉 이용

내역 조회 https://www.privacy.go.kr/wcp/inv/IdentityVerification.do

메시지를 보내기도 한다. 아는 사람인 척하고 급하게 돈을 빌려 달라고 하거나, 남의 개인 정보로 대출을 왕창 받기도 한다.

이런 범죄자들에게 십 대는 그야말로 군침이 살살 고이는 먹잇감이라해도 과언이 아니다. 개인 정보가 도용당했다는 사실을 몇 달, 길게는 몇년 동안 알아차리지 못할 가능성이 아주 높기 때문이다.

누구나 잊힐 권리가 있다

세상을 살아가다 보면 누구에게나 남이 볼까 봐 두려운 흑역사가 하나쯤은 있기 마련이다. 예컨대 가운뎃손가락을 쳐들고 찍은 사진이라든지, 맞춤법이 엉망진창인 글이라든지……. 그런 게 뭐 인생에 흠집을 낼 만큼큰 실수겠어?

2014년에 해외의 한 연구 기관이 경영학과 대학생들에게 비슷한 질문을 던지자 대다수가 이렇게 답했다.

"에이, 그런 건 아무도 신경 안 쓰지~!"

이어 연구진은 경영학과 졸업생을 채용하려는 기업에 다음과 같은 질문을 던졌다.

"만약 합격자가 온라인에 무례한 사진이나 맞춤법이 엉망인 글을 올린사실을 발견하면 어떻게 하겠습니까?"

'잊힐 권리'가 무조건 옳은 건 아니야. 예컨대 복역을 마친 범죄자가 과거의 기사를 지워 달라고 요구한다면 어떨까? 잊힐 권리만큼 기억해야 할 의무와 알 권리 역시 소중하지 않을까?

안전이 먼저!

기업 측 인사 담당자의 대답은 어땠을까? "채용을 할지 말지 다시 고민해 보겠다."라는 쪽이 압도적으로 많았다.

온라인 상에서 펼쳐지는 여러 가지 활동은 실제의 삶에 점점 더 큰 영향을 미치고 있다. 특히 유럽에서 '잊힐 권리'를 외치는 목소리가 드높다. 이에 발맞춰 구글은 사람들이 인터넷에 검색되는 자신의 정보를 지워 달라고 요청하면 삭제해 주는 서비스를 제공한다.

하지만 인터넷이라는 거대한 정보의 바다에서 자신의 흔적을 주워 모으기란 모래사장을 뒤지는 일만큼이나 어렵다. 언론인 J. D. 라시카는 이런 말을 한 적이 있다.

"인터넷은 결코 망각하지 않는다. 우리의 과거는 이미 디지털 피부에 문신처럼 진하게 아로새겨져 있다."

재미삼아, 혹은 장난삼아 한 일이 나중에 나의 진로를 가로막을 수도 있다. 올리기 버튼을 클릭하기 전에 딱 1초만 생각해 보자. 지금 그 글이나 사진을 꼭 올려야 하는지…….

나의 보안 감수성은?

어른들은 청소년들이 온라인 상의 사생활 보호에 둔감해서 큰일이라고 혀를 차곤 한다. 그런데 모든 청소년이 다 그렇다고 여긴다면 그건 어른들의 착각이다.

"으악, 엄마가 페이스북으로 친구 신청을? 안 되겠네. 안전한 서식처를 새로 알아봐야겠어."

"누군가 날 알아보는 게 싫어. 그래서 ID를 다섯 개나 만들었지."

"나는…… 메시지를 날마다 포맷해. 그걸 남겨 뒀다가 나중에 무슨 변을 당하려고?"

영국의 한 연구 결과에 따르면 전체 페이스북 사용자 중 65%가 정보 접근 권한을 조정해 두는데, 청소년 사용자의 경우 95%가 자기만의 설정을 만들어 쓴다고 한다. 미국과 호주에서도 비슷한 연구 결과가 나왔다. 청소년들의 보안 감수성이 성인보다 훨씬 높은 편이라는 것이다.

1800년대에 루이스와 새뮤얼

오·싹·한 경·계·선

이 얼굴을 태그하시겠습니까?

페이스북에 인물 사진을 올리면 "태그하시겠습니까?"라는 메시지가 뜬다. 사진 속의 인물을 클릭해 이름을 입력하면, 페이스북의 얼굴 인식 기능이 작동해 다른 사진 속에서도 같은 얼굴을 찾아내고 자동으로 태그가 달린다.

이 기능을 사용하면 태그에 따라 그 사람이 등장한 사진만 골라서 볼 수가 있어서 꽤 편리하다. 또 시각 장애가 있는 회원에게는 사진 속에 누가 있는지 말해 주기도 한다. 뿐만 아니라, 다른 사람이 내 사진을 도용하는 것을 막을 수도 있다!

그런데 최근 들어 미국에서는 페이스북의 얼굴 인식 기능을 둘러싼 집단 소송이 끊이지 않고 있다. 지난 몇 년간 페이스북이 회원들의 얼굴, 즉 생체 정보를 무단으로 저장했다는 것이다.

결국 페이스북은 사용자 스스로 얼굴 데이터를 수집, 저장, 활용하는 여부를 선택할 수 있도록 개인 정보 설정을 강화했다. 하지만 사생활 침해 논란은 아직도 계속되고 있다.

? 나의 생각은…

페이스북은 회원들의 편의를 위해 얼굴 인식 시스템을 도입했다. 하지만 이렇게 수집된 얼굴 정보는 앞으로 어떻게 사용될지 아무도 모른다. 페이스북이 나와 내 친구들의 얼굴을 기억할 수 있게 해도 괜찮을까?

이 발견했던 사적 영역의 중요성을 청소년들이 가장 뼈저리게 느끼고 있는 걸까? 어떤 대화는 무덤까지 가져갈 비밀이 되기를 바라고, 어떤 사진은 둘만의 추억으로 간직되기를 간절히 바라면서.

여기서 꼭 기억해 둘 게 있다. 메시지를 삭제해도 스크린샷은 남는다는 것! 그러니까 온라인 세상에서 우리의 비밀을 지키기 위한 완벽한 첨단 공구 상자는 없는 셈이다.

범죄 드라마를 보면 자주 등장하는 장면이 있다. 사건 현장에 출동한 과학 수사대가 범인을 찾기 위해 그 장소를 오간 사람들의 흔적을 하나하나 주워 모으는 모습이다.

예컨대 쇼핑몰에서 사건이 벌어졌다면 과학 수사대는 탈의실에 떨궈진 머리카락 한 올, 계산대에 남은 지문 하나, 매장에 버리고 간 종이컵에 남은 침 한 방울도 남김 없이 철저히 수집해 나간다.

사람은 어디를 가든 흔적을 남기기 마련이다. 온라인에서도 마찬가지다. 기업은 우리의 온라인 활동을 추적해서 생일이나 옷의 치수, 좋아하는 색깔, 평균 소비 금액, 이성 친구의 존재 여부까지 알아내고 있다. 심지어 과학 수사대보다도 더 빠르고 은밀하게 말이다. 과연 이래도 되는 걸까?

쇼핑은
개인 정보를
남긴다!

영수증이 말하는 진실

2012년에 〈뉴욕 타임스 매거진〉은 다음과 같은 일화를 소개했다.

어느 날 중년 남성이 불같이 화를 내며 대형 할인 마트 '타겟'의 고객 센터로 들어섰다. 이유인즉슨 아직 십 대인 자신의 딸 앞으로 신생아 용품 홍보 전단지와 할인 쿠폰이 우편으로 배달되어 왔다는 것이다. 그는 마트가 십 대 소녀에게 임신을 부추기는 거냐며 매장 관리자에게 거세게 항의했다.

매장 관리자는 연신 고개를 조아리며 사과에 사과를 거듭했다. 그러고도 마음이 안 놓였는지, 며칠 뒤 전화를 걸어서 다시 한 번 죄송하다고 말하며 용서를 빌었다. 그런데 그사이에 중년 남성의 태도가 백팔십도 바뀌어 있었다.

"딸아이하고 이야기를 나눠 봤는데요. 내가 모르는 사이에 그 녀석에게 무슨 일이 있었던 모양입니다. 8월에 아기를 낳을 거라더군요. 저야말로 제대로 알아보지도 않고 다짜고짜 몰아붙여서 진심으로 죄송합니다."

할인 마트 타겟은 어떻게 부모도 모르는 십 대 소녀의 임신 사실을 예측했던 걸까? 그 이유를 알기 위해선 이 일화가 기사화되기 10년 전으로 거슬러 올라가야 한다.

그 무렵 타겟은 앤드류 폴이라는 통계학자에게 자사 고객의 임신 여부

를 알아낼 수 있는 방법을
찾아 달라고 의뢰했다. 예비
부모는 출산을 대비해 꽤 큰
돈을 쓸 뿐 아니라 아기가
태어난 뒤에도 장난감과 옷,
문구류 등을 계속해서 구입

할 가능성이 크기 때문이었다. 그야말로 상품 광고
기회가 무궁무진한 셈이었다. 유모차 광고 전단지
를 신생아가 있는 집에만 보내면 마케팅 비용도 절
약할 수 있었다.

　마침 여느 대형 마트처럼 타겟도 포인트 적립 카드를 발급하고 있었다.
고객이 물건을 살 때마다 포인트를 적립하면, 매장 측에선 자연스럽게 고
객의 구매 기록을 확보할 수 있다.

　게다가 타겟은 '예비 부모 찜바구니' 서비스도 운영하고 있었다. 예비
부모가 출산 예정일을 등록한 뒤 이런저런 물건을 찜해 두면, 친구들이 그
바구니 속의 목록을 살펴서 선물할 수 있도록 하는 서비스였다.

　앤드류는 먼저 예비 부모 찜바구니 서비스에 등록된 이름과 포인트 적
립 카드 소지 고객의 이름을 일일이 대조했다. 그러자 임신이 확실해 보이
는 고객의 명단이 추려졌다. 그 고객들이 어떤 물품을 구매했는지 꼼꼼히
분석했더니 다음과 같은 소비 유형이 드러났다.

- 임신 초기에는 엽산을 구입하는 경향이 있다.
- 임산부는 튼살 방지 크림을 많이 구입한다.
- 출산 예정일이 다가오면 신생아용 옷과 수건을 구입한다.

앤드류는 고객이 예비 부모 찜바구니 서비스를 이용하지 않더라도 포인트 적립 카드 기록에 남은 소비 유형을 보고 임신 여부를 예측하는 방법을 알아냈다. 그 결과 10년 뒤, 타겟은 임신한 십 대 소녀에게 신생아 용품 홍보 전단지와 할인 쿠폰을 보낼 수 있었던 것이다.

이 사실이 공개되자 사람들은 큰 충격에 휩싸였다. 할인 마트에서 자신의 쇼핑 습관을 얼마나 면밀히 지켜보고 있는지 깨달았기 때문이다. 고객을 현미경 렌즈 아래에 두고 실험 대상처럼 요목조목 살피는 기업은 그 전부터 있었다. 그렇다면 요즘은 훨씬 더 많은 기업들이 한층 고도화된 방법으로 고객들의 소비 유형을 정밀하게 분석하고 있지 않을까?

데이터 마이닝

마케팅 담당자의 관점에서 보면 세상은 '연관성'으로 이루어져 있다. 그래서 기업은 누가 축구공을 사는지 파악하기만 하면 된다. 그러면 축구화도, 축구복도 더 많이 팔 수 있을 테니까.

만약 어떤 서점에서 이별에 대한 책을 산 고객을 가려내 목록을 만든다면, 아이스크림이나 마카롱처럼 단 음식을 만들어 파는 회사에 유용한 정보로 팔 수 있다. 단맛은 우울한 감정을 해소시켜 주고 뇌에 즉각적인 쾌감을 준다고 하니까. 이런 것이 바로 '연관성'이다.

포인트 적립 카드나 신용 카드, 고객 설문 조사, 그리고 다른 업체로부터 입수한 데이터를 통해서 기업은 많은 사실을 알아챈다. 만약 내가 집 근처의 대형 마트에서 포인트 적립 카드 발급을 신청한다면, 고객 센터 직원은 이름과 생년월일, 주소, 전화번호 등을 기재하게 하고 이 정보를 마트가 사용하는 데 동의를 구하는 신청서 양식을 내밀 것이다.

귀찮다는 표정으로 "이거 꼭 동의해야 돼요?"라고 물어봤자 돌아오는 대답은 뻔하다. "동의하지 않으면 포인트 적립 카드가 발급되지 않습니다." 울며 겨자 먹기로 신청서를 작성해서 제출하면……?

마트 측은 여러분의 쇼핑 내역을 몇 주 혹은 몇 달 정도 지켜보고 나서 다음과 같은 정보를 짚어 낼 수 있다.

- 어떤 과일을 좋아하는지…….
- 집에서 요리를 즐겨 해 먹는지…….
- 군것질을 어느 정도 하는지…….

심지어 온갖 자질구레한 소비자 정보를 수집하고 분석하는 일을 전문으로 하는 회사도 있다. 바로 마케팅 리서치 회사다. 이런 회사는 주로 우리의 온라인 활동과 구매 패턴을 추적한다.

그렇다면 만약 우리 지역 백화점이 마케팅 리서치 회사 중 한 곳에서 정보를 구입한 다음, 백화점에서 자체적으로 수집한 정보와 합하면 어떻게 될까? 이제 백화점은 여러분에 대해 다음과 같은 사실을 파악할 수 있다.

- 어떤 소셜 미디어 사이트를 이용하나?
- 온라인에서 친구 관계를 맺고 있는 사람은 몇 명이나 되나?
- 어떤 종교를 믿고, 어떤 정치적 성향을 지녔나?

현대인이 하루에 접하는 정보량은 놀랍게도 20세기 초 사람들이 평생 접하는 정보량과 맞먹는다고 한다! 요즘 시대는 데이터 생산량이 너무도 많아 '제타바이트 시대'라고 불린다. 2019년에는 세계 IP 트래픽이 2제타바이트에 도달할 것이라는 예측도 있다. 제타바이트가 뭐냐고? 〈리그 오브 레전드〉의 게임 용량을 10기가바이트(GB)로 잡았을 때, 1테라바이트(TB) 하드에는 100번, 1제타바이트(ZB) 하드에는 100,000,000,000번 설치할 수 있다. 전 세계 76억 인구가 〈리그 오브 레전드〉를 13번씩 설치할 수 있을 만큼 큰 용량이다. 헤아릴 수 없을 만큼 방대하며, 쉴 틈 없이 새롭게 누적되고, 고정되지 않고 변화하는 디지털 데이터! 이를 '빅데이터'라고 부른다.

어쩌면 기업들이 우리 자신보다 우리에 대해 더 잘 알고 있는지도 모르겠다.

우리는 편의점에서 멤버십 카드를 긁고, 온라인 쇼핑몰에서 '찜' 버튼을 클릭하고, 블로그에 영화의 별점 평가를 매길 때마다 디지털 데이터를 생성하고 있다. IBM은 많은 미국 기업들이 최소 100테라바이트(100,000기가바이트)의 고객 정보를 보유하고 있을 거라고 추정한다. 그것도 개별 기업별로!

이런 데이터는 그 자체로는 아무 쓸모가 없다. 웬만해선 100테라바이트나 되는 정보를 읽어 낼 사람이 없을 테니까. 그러나 우리에게는 아무리 방대하고 난해한 암호라 할지라도 단숨에 해석해 내는 해독기가 있다.

바로 컴퓨터다. 컴퓨터가 이런 거대한 정보 덩어리를 분류하는 작업을 광석을 캐는 채광 작업에 비유해 '데이터 마이닝'이라고 부른다. 이 데이터 마이닝에 수십억 원의 가치가 숨어 있다. 그러니만큼 기업은 이를 악착같이 캐어 내려 한다.

고객 만족도 추적할 수 있어요

이런 상상을 한번 해 보자. 2월 13일, 밸런타인데이를 하루 앞두고 마트에 간 소녀가 이리저리 진열대를 구경하고 있는데 갑자기 휴대폰 진동 벨이 윙~ 하고 울린다. 휴대폰을 들여다보니 마트 홍보팀에서 보낸 문자 메시지가 와 있다.

'해피 밸런타인데이! 초콜릿과 선물 상자를 구경하고 계시는군요? 6번 통로에 수제 초콜릿 DIY 키트가 준비되어 있으니 찬찬히 둘러보세요!'

무심코 6번 통로로 발길을 돌리던 소녀는 문득 고개를 갸우뚱거린다.

'이 마트는 내가 어떤 초콜릿을 사야 할지 몰라서 갈팡질팡하는 걸 다 알고 있나 보네?'

맞다. 실제로 판매자는 고객 만족도를 파악하기 위해 엄청난 공을 들이

고 있으니까.

네덜란드의 연구자들은 대형 상점 안에 특수 캠코더를 설치하고서 방문객이 어떻게 돌아다니는지 지켜보았다. 사람들의 머리 움직임을 추적해 보니, 대부분이 쇼핑할 때 다음의 네 단계를 거쳤다.

오·싹·한

경·계·선

단골손님을 기억하는 CCTV

전 세계의 쇼핑몰이 얼굴 인식 CCTV를 도입하고 있다. 우리가 쇼핑몰을 활보하는 동안 카메라 렌즈는 분주히 내 움직임을 살피고, 이렇게 읽어 들인 데이터를 바탕으로 계산을 수행한다.

내가 아이인지 어른인지, 남자인지 여자인지, 어느 진열대에서 얼마 동안 머물렀는지, 또 어떤 종류의 물건을 샀는지 착실히 기록한다. 쇼핑몰을 방문할 때마다 기존 데이터에 새 데이터가 더해지니, 내가 단골손님인지 아닌지 정도는 가볍게 파악해 낸다.

이렇게 수집된 정보는 방문객별 맞춤 광고를 제공하는 데도 쓰이고, 매장 측이 요일별·시간별 방문객 수에 따라 직원 수를 적절히 배치하는 데도 긴요하게 쓰인다.

또 쇼핑몰 내에서 길을 잃어버린 아이나 노인이 있다면 쉽게 가족의 품으로 돌려보내 줄 수도 있다. 혹시라도 지명 수배령이 내린 범죄자가 얼굴 인식 CCTV가 설치된 쇼핑몰에 들어선다면? 꼼짝없이 독 안에 든 쥐 신세가 되고 말겠지?

? 나의 생각은…

기업은 누구를 위해 매장용 CCTV로 고객을 지켜보고 있을까? 고객의 소비 유형을 분석해 매출을 올리려는 것일까? 아니면 고객의 편의를 위해 서비스의 질을 높이려는 것일까?

1. 방향 설정 : 아, 이놈의 여드름! 크림 좀 사야겠어. 음……, 화장품 코너는 2층에 있네?

2. 비교하기 : 뭐가 제일 좋을까? 더 싼 거 없나? 어, 신상품이잖아? 그래도 역시 가성비로는…….

3. 돌아보기 : 좀 참아 볼까? 괜히 돈만 쓰고 효과도 없으면 어쩌지?

4. 결정하기 : 에라, 모르겠다. 그냥 사자!

쇼핑의 방향을 설정하고, 비교하고, 돌아보고, 결정한다! 어떻게 보면 뻔해 보이지만, 이런 데이터가 누적되면 판매자는 고객이 매장 상품에 얼마만큼 만족하는지 파악할 수 있다.

판매자는 이런 식으로 고객의 동선을 파악해서 특별 세일 진열대를 꾸리기도 한다. 또 컴퓨터로 특정 고객을 골라서 맞춤 광고를 보내 상품 구매를 유도할 수도 있다. 핼러윈 상품을 구매하러 온 손님에게 재치 있게 맞춤 상품을 제시하는 식으로 말이다. "두꺼비를 키우시나요? 2층에서 마법약 제조용 솥을 판매하고 있으니 확인해 보세요!"라고.

점쟁이만큼 신통한 '좋아요'의 비밀

페이스북을 하다가 맥도날드의 신상 감자튀김 컬리프라이 사진을 보게 되었다. 절로 군침이 돌게 마련이다. 이때 컬리프라이 사진에 '좋아요'를 클릭한 사람은 보통 사람보다 훨씬 지능이 높을지도 모른다. 물론, 믿거나 말거나!

2013년에 케임브리지 대학의 연구팀은 '좋아요'를 추적하는 것만으로도 페이스북 사용자의 성격과 성별, 인종, 정치적 성향, 종교, 지능 지수, 부모의 이혼 여부를 정확하게 예측할 수 있다는 사실을 증명해 보였다.

연구팀은 일단 실험 지원자들의 페이스북을 살핀 다음, 그들에게 설문조사와 성격 검사, 지능 검사를 시행했다. 그러자 지원자들이 페이스북에 쓴 글을 굳이 읽거나 분석하지 않아도 될 만큼 정확한 결과가 나왔다.

- 헬로 키티를 좋아하는 사람은 대체로 불안한 감정 상태일 때가 많다. 대개 진보적인 성향을 띠며, 기독교 신자인 경우가 많고, 연령대가 비교적 낮다.
- '다른 건 아무래도 좋아요. 당신만 곁에 있다면……'처럼 오매불망 헌신적인 연인의 이야기가 담긴 글을 좋아하는 사람은 어릴 때 부모가 이혼했을 가능성이 높다.
- '천둥 번개를 동반한 비(뇌우)'와 '과학 이야기', '컬리프라이', '정치 풍자 코미디 쇼'를 좋아하는 사람은 상대적으로 지능이 높은 경우가 많다.

과학 이야기를 좋아하는 사람이 똑똑하다는 점은 뭐, 어느 정도 납득 가능한 얘기다. 하지만 컬리프라이는 대체 왜? 똑똑한 사람들은 저도 모르게 회오리 모양에 끌리기라도 한단 말인가?

어쩌면 일종의 기침 같은 '전염' 현상인지도 모르겠다. 똑똑한 누군가가 '좋아요'를 누르면 친구들도 덩달아 '좋아요'를 누르게 되는 것처럼. 사람은 끼리끼리 어울리는 법이니까.

이 연구에 참여했던 빅데이터 과학자 마이클 코신스키는 이렇게 말했다고 한다.

"'좋아요' 10개면 동료보다, 70개면 친구나 룸메이트보다 더 많은 걸 알수 있지요. 150개면 가족보다, 300개 정도면 배우자보다 더 많은 정보를 알수 있어요."

우리가 본능적으로, 별생각 없이 '좋아요'를 클릭할 때마다 매번 우리의 비밀을 누군가에게 내어 주고 있었던 건 아닌지…….

누구를 위해 페이스북을 하나?

페이스북을 이용하다가 온라인 쇼핑몰에서 구경했던 상품이 광고창에
떠 있어서 놀란 적이 있는지? 페이스북은 기업에서 광고비를 받고 추천
광고를 띄워 준다.

"여러분, 우리 사이트에서 광고하세요! 우리는 무턱대고 아무한테나 홍
보물을 뿌리지 않아요. 관심을 가질 만한 사람에게 맞춤 광고를 쏘아 드리
지요."

애견 용품은 애견인의 계정에, 주방 용품은 주부의 계정에, 로드샵 화장
품은 십 대 소녀의 계정에……. 이렇게 사용자의 특성에 맞는 맞춤형 광고
가 가능한 것은, 앞서 케임브리지 연구 결과에서 보았듯이 우리가 페이스
북에 정보를 남기기 때문이다.

소셜 미디어 활동 정보를 이용하면 우리의
성별과 성적 지향, 정치적 입장을 상당히 정확
하게 예측할 수 있다. 소셜 미디
어 사이트는 사용자가 자신이 동
성애자라는 사실을 커밍아웃하

손뜨개 뉴스

이 달의
뜨개 장인 도리스

기 전부터 이미 알아채고 있다고 한다. 이런 정보를 이용하면 기업은 광고 대상을 정확히 겨냥해 광고를 만들 수 있다. 언뜻 보면 재미있지만 달리 보면 섬뜩한 일이다.

만약 여러분의 개인 정보를 지키고 싶다면 이런 온라인 광고 시스템의 허점을 거꾸로 이용할 수도 있다. 바로 난독화 프로그램을 까는 것이다. 이 프로그램을 깔아 두면 컴퓨터나 휴대폰이 무작위로 아무 광고나 계속 클릭해서 사용자의 실제 웹 검색이나 클릭 활동을 가려 준다고 한다. 그런 데 왜 난독화라고 부르냐고? 가짜 정보로 진짜 정보를 흐려 버려서 원래 의 코드를 '읽기 어렵게' 만든다는 뜻이다.

여기 난독화에 관한 재미난 예가 있다. 2015년 11월, 파리 테러범 중 하나가 벨기에 브뤼셀로 잠입했다. 브뤼셀 경찰들은 테러리스트 체포를 위해 시민들에게 수사 현장에 대한 정보를 알게 되더라도 SNS에 공유하지 말아 달라고 당부했다.
그러자 시민들은 오히려 빛나는 재치를 발휘하며 아주 적극적으로 협조했다. 앞서거니 뒤 서거니 고양이 사진에 #브뤼셀 폐쇄(#BrusselsLockdown)라고 해시태그를 달아 SNS에 올린 것.
이에 따라 누군가 폐쇄 진압 현장에 대해 글을 써도 수많은 고양이 사진에 파묻혀 눈에 띄지 않게 되어 버렸다. 그래서 지금도 인터넷에서 #BrusselsLockdown을 치면 귀여운 고양이 사진이 줄줄이 뜬다.

어대, 이건 꼭 사야 했니? - 피트니스 추적기

지난해 이를 몇 번 닦았는지, 올해 치실은 몇 번이나 썼는지, 얼마나 규칙적으로 운동을 하고 있는지, 편안히 쉬고 있을 때 심박 수는 어느 정도인지, 어제는 몇 칼로리를 섭취하고 얼마나 소비했는지…….

아무리 놀라운 기억력을 가진 사람이라도 이 같은 질문에 금방 답하기란 쉽지 않다. 하지만 내 신체 활동을 기록하는 단말기가 있다면 얘기가 달라진다.

최근 들어 사용자의 신체 활동을 수집하는 피트니스 추적기가 큰 인기를 끌고 있다. 대표적으로 손목시계와 비슷하게 생긴 스마트 워치를 예로 들 수 있겠다.

이런 도구를 사용하면 그동안 얼마나 나태하게 생활했는지 금방 확인해 볼 수 있어. 큰돈을 들여서 개인 레슨을 받을 필요가 없지. 한 번의 투자로 건강한 삶을 누릴 수 있다면 얼마나 좋겠어?

실내외 운동 시간과 거리, 칼로리, 심박 수를 확인할 수 있는 애플워치부터 완벽한 방수 기능으로 수영 기록까지 볼 수 있는 삼성의 기어스포츠까지 수많은 IT 기업의 선두주자들이 앞 다투어 이런 기계들을 선보이고 있다. 웬만한 개인 코치보다도 깐깐한 기계 코치가 하루 종일 내 곁을 지킨다!

스마트 워치는 내가 원하는 몸무게에 도달하기 위해 앞으로 무엇을 주로 먹고 얼마나 운동을 해야 하는 지도 꾸준히 알려 준다. 탄탄한 가슴 근육을 갖고 싶다면 오늘도 푸시업을 잊지 말라고 알림 메시지를 보내기도 한다.

그런데 이 똑똑한 체육 선생님이 어딘가에 내 신체 활동 정보를 흘리고 다닐 염려는 없을까?

2011년에 피트니스 추적기의 대표 격인 핏비트 사용자가 어마어마한 실수를 저지르고 말았다. 개인 정보 보안 설정 안내문을 제대로 읽지 않은 탓에 이성과의 잠자리 횟수까지 온라인에 몽땅 노출시키고 만 것이다.

단순히 사용자의 실수가 아닌 경우도 있다.

2014년에 스마트 팔찌 조본은 지진이 인간의 수면에 어떤 영향을 주는지 보여 주는 수면 데이터를 공개했다.

이름까지 낱낱이 밝혀진 건 아니라 해도, 조본 사용자들은 자신의 데이터가 이처럼 간단히 통계에 쓰이는 것도 모자라 전 세계에 노출될 수 있다는 사실에 깜짝 놀랐다고 한다.

과학 기술계에서 '매크로스코프'는 아주 사

글쎄……, 과연 그럴까? 만에 하나 마케팅 회사에 우리의 신체 활동 정보가 넘어갈 가능성이 있다면 얘기가 달라지지. 그런 위험을 감수하면서까지 내 신체 활동 기록을 기계에게 맡기고 싶진 않아.

사생활이 먼저!

소한 데이터를 수집하고 분석하는 컴퓨터 시스템을 뜻한다. 그러고 보면 지구 인구의 4분의 1 이상이 호주머니 속에 매크로스코프를 넣고 다닌다고 보아도 과언이 아니다. 바로 스마트폰 말이다!

혹시 여러분의 휴대폰에도 만보기나 다이어트용 애플리케이션이 깔려 있지 않은지……. 그중에는 걷기만 해도 적립금이 쌓이고, 그 적립금을 가지고 제휴 상점에서 현금처럼 쓸 수 있는 애플리케이션도 있다. 공짜에다 운동하는 재미까지 쏠쏠해서 감지덕지한 기분이 들지도 모른다.

그렇다 해도 신체 활동 정보를 제공하는 조건에 동의할 때는 조심하자. 나도 모르게 내 몸무게가 만천하에 노출될지도 모르니까.

⇛ 우리가 할 수 있는 일 ⇚

"개인 정보 활용에 동의하십니까?"
우리가 온라인에 연동된 기기나 애플리케이션을 사용할 때, 또 웹사이트에 가입할 때 흔히 마주치게 되는 질문이다. 꼼꼼히 읽어 보면 아주 많은 외부 업체에 개인 정보를 제공하겠다고 적혀 있다. 대부분은 개인 정보 제공에 동의하지 않으면 가입할 수 없다는 포고문이나 다름없다.
보안 전문가들은 굳이 실명을 사용하지 않아도 될 경우에는 가짜 계정을 사용하는 지혜로운 꼼수를 부리는 것도 도움이 된다고 조언한다.

눈부신 아찔함, 사물 인터넷

2014년에 인터넷 세상을 떠들썩하게 만든 이탈리아계 스타가 있다. 그게 누구냐고? 가수? 배우? 코미디언? 아니, 토스트기 브래드다.

그것도 인터넷에 연결해서 쓰는 토스트기. 번거롭게 왜 그래야 하냐고? 브래드는 인터넷에 연결된 다른 토스트기와 자신의 사용 빈도를 비교하도록 프로그램이 설정되어 있다. 그래서 자기가 남보다 빵을 덜 굽는다 싶으면, 애정 어린 손길을 기다리는 강아지처럼 손잡이를 오르락내리락하며 사람을 부른다.

애교도 별 효과가 없다고 판단하면 인터넷에 광고도 낸다. 빵을 굽고 싶어 죽겠는데 주인이 그 마음을 몰라준다고. 그렇게 해서 브래드는 새 주인을 찾아 후회 없이 떠나간다.

이 깜찍한 토스트기는 인터넷이 점점 더 기묘한 방식으로 우리 삶에 파고들고 있음을 잘 보여 준다.

2015년에 미국 브루클린시에서 재미있는 해커 대회가 열렸다. 도전 과제는 인터넷에 연결된 냉장고의 새로운 쓰임새를 찾아내라는 것! 승리는 공유 바구니를 만든 팀에게 돌아갔다.

공유 바구니는 집에 먹을 게 너무 많아서 골치라면 친구와 나누어 먹자는 아이디어에서 나온 기능이다. 먼저 냉장고 안에 바구니를 넣어 두고,

Wi-Fi 기능을 갖춘 초소형 카메라를 설치해 이 바구니를 비춘다. 그러고 나서 달걀을 너무 많이 샀다든지 스프를 너무 많이 끓였다든지 해서 남은 음식을 바구니 안에 담아 두면? 친구나 이웃이 카메라 영상으로 공유 바구니 속의 내용물을 확인하고서 우리 집에 들러 원하는 걸 가져갈 수 있다.

공유 바구니 냉장고와 브래드의 공통점은 바로 인터넷에 연결된 가전 제품이라는 점이다. 특히 브래드는 인터넷에 연결된 다른 토스트기와 정보를 나누기까지 한다.

"어이, 브래드! 너, 요즘 빵을 통 못 굽는구나."

"응⋯⋯. 나, 완전 우울해. 요즘 잘나가는 토스트기들은 하루에 최소 열

날개 달린 택배 기사, 드론

가볍게 산책을 하려고 집을 나서는데, 마침 지붕 위에 드론이 날고 있다. 드론은 천천히 하강하더니 이내 현관문 앞에 상자 하나를 사뿐히 내려놓는다. 상자 속에는 30분 전에 온라인으로 주문한 티셔츠가 들어 있다.

공상 과학 영화 속의 한 장면이 아니냐고? 천만에!

드론 택배는 세계 곳곳에서 이미 상용화되고 있다. 글로벌 전자 상거래 기업 아마존에서는 주문 30분 만에 배송이 완료되는 '프라임 에어' 서비스를 드론으로 실현하려 하고 있다. 4차 산업 혁명 시대의 아이돌이라는 별칭까지 얻은 드론! 미래를 이끄는 주요 산업 중 하나로 알려진 만큼 전 세계 기업이 앞 다투어 투자하고 있다.

그런데 이런 드론에 의해 지나치게 많은 개인 정보가 수집될 위험은 없을까?

얼마 전에 한국에서는 SNS에 "창문 밖에서 벌이 날듯 웅웅대는 소리가 났는데, 드론이 창문에 밀착해 와서 몰래 카메라를 찍고 있었다."며 경찰 조사에 도움을 줄 목격자를 찾는다는 글이 올라오기도 했다.

? 나의 생각은…

한국에서는 사생활 보호 등의 문제로 드론 산업에 대한 규제가 주변국들에 비해 강력한 편이어서 기업들의 불만이 많다. 드론 산업은 분명히 엄청난 경제적 가치를 지니고 있다. 내가 대통령이라면 드론 산업의 규제를 느슨하게 푸는 정책을 내세울까? 아니면 국민의 사생활을 보호하기 위해 더욱 강력하게 규제할까?

안전이 먼저!

장은 굽던데…….”

　이처럼 사물이 인터넷과 연결되어 사람과
사물 사이, 또 사물과 사물 사이에 통신 활동
을 지원하는 기술을 ‘사물 인터넷’이라고 부
른다. 자율 주행 자동차, 인공 지능 스피커,
스마트 온도 조절기, 인터넷 냉장고, 자동 심
장 충격기……, 이 모든 게 사물 인터넷으로
분류된다.

　몇몇 보안 전문가들은 사물 인터넷에 대해
서 심각한 우려를 표하고 있다. 그들은 2020
년 즈음에는 5백만 대의 기기가 인터넷에 정
보를 제공하고, 44제타바이트의 데이터를 생
성하게 될 거라고 예측한다.

　그렇게 되면 기업들은 냉장고 같은 가전
제품을 통해서도 소비자의 생활 정보를 수집
할 수 있다. 여러분은 여러분의 정보를 어느
선까지 내어 줘도 괜찮다고 생각하는지…….

• 냉장고가 우리 집의 먹거리 사정을 일일이 확인해서 낭비를 줄이고 알뜰하
게 장을 볼 수 있도록 도와주는 게 좋을까?

아니면 구식 냉장고를 쓰면서 우리 집의 비밀을 지키고 스스로 가계부를 잘 정리하는 습관을 들이는 게 좋을까?

- 온도 조절기와 전기 계량기가 인터넷에 연결되어 있으면 우리 집에 관한 정보가 유출될 가능성이 높지 않을까?
해커가 마음만 먹으면 우리가 언제 집을 비우는지, 또 언제 집에 머무르는지 금방 알아낼 수 있을 테니까.
- 우리 집의 정보를 지키기 위해선 이런 제품을 생산하는 기업이 개인 정보 보호 정책과 데이터 공유 사항을 평가하는 단체로부터 더욱 면밀하게 검토와 승인을 받도록 요구해야 하지 않을까?

사물 인터넷 기술이 탑재된 상품을 살 것이냐 말 것이냐, 하는 문제는 결국 눈부신 신기술과 개인 정보 사이, 그 어디쯤에 선을 그을지를 결정하는 문제이기도 하다.

사물 인터넷 온도 조절기 사용 반대!

인터넷에 연결된 기기는 해킹 공격에 취약해. 방 온도를 최대한 높여 놓고 돈을 요구하는 신종 랜섬 웨어도 가능하다니까! 게다가 우리의 사생활 정보가 마케팅 회사에 고스란히 넘어갈 수도 있어. 만약 온도 조절기가 작동하고 있고 텔레비전이 평소보다 오래 켜져 있다면 텔레비전에 감기약 광고가 뜨는 식으로 말이지.

사생활이 먼저!

현재 전 세계 인터넷 사용자 수는 거의 20억에 달한다.

2016년 한국 통계청의 발표에 따르면 십 대의 93.9%, 이십 대의 99.6%
가 매일 인터넷을 사용했다고 한다. 또 십 대는 일주일에 평균 15.4시간,
이십 대는 22.8시간을 인터넷을 하는 데 들인다고 했다. 결코 적지 않은
시간이다.

그런데 알고 있을까? 인터넷에 접속하는 순간, 우리는 꼼짝없이 정부 기
관에 쫓기는 신세가 되고 만다는 것을.

성가신
빅 브라더

1984, 그 후

1949년에 출간된 조지 오웰의 장편 소설 《1984》는 자유가 말살된 감시 사회를 그리고 있다. 정부는 집 안에서부터 야외 광장까지 곳곳에 장착된 텔레스크린과 마이크로폰으로 시민의 일거수일투족을 지켜보고 있으며, 어린이를 스파이로 훈련시켜 부모의 잠꼬대를 엿듣게 한다. 정부가 허용하지 않은 일에 대해 생각만 해도 '사상 범죄'로 간주된다.

사람들은 요즘 각국의 정부가 대중을 갖가지 방법으로 감시하는 행태가 《1984》의 무시무시한 세상과 불편할 정도로 닮아 있다고 말한다.

프랑스와 독일, 뉴질랜드, 미국, 캐나다 등 여러 나라 정부는 자국민의 이메일과 전화 통화 내역을 수집하고 있으며, 경우에 따라 몇 년씩 보관하기도 한다. IT 기술이 '민간인 사찰'에 이용되고 있는 것이다.

- 미국 국가안보국은 한때 하루에 20억 통의 이메일과 전화 통화 내용을 수집하고 보관했다. 그러다 2015년에 이러한 대대적인 사찰 활동을 중지하겠다고 국민 앞에 약속했다.
- 캐나다 정부는 세계 어딘가에서 누군가가 파일 공유 사이트를 이용해 사진이나 음악, 비디오, 문서를 다운받으면 추적할 수 있는 프로그램을 개발했다.
- 중국 정부는 모든 통신사에 가입자의 인터넷 접속 정보를 제공하라고 요구

했다. 언제, 어디에, 어떤 계정으로 접속했는지까지 모조리.

- 러시아 정보국은 매년 백만 통 이상의 이메일과 전화 통화를 도청한다.

영웅이냐, 스파이냐?

사람들이 정부의 사찰 활동에 관심을 갖게 된 것은 비교적 근래의 일이다. 결정적인 계기가 된 사건은 2013년 미국 국가안보국에서 컴퓨터 기술자로 일했던 에드워드 스노든의 폭로였다.

스노든은 국가안보국에 사직서를 내고서 홍콩으로 건너간 뒤 비밀리에 몇몇 언론인을 접촉해 수천 장의 기밀문서를 건넸다. 거기에는 미국 정부가 개인 정보 수집 프로그램인 '프리즘'을 통해 자국민을 어떻게 사찰했는지에 대한 내용이 자세히 담겨 있었다.

한 달 뒤 스노든은 간첩죄로 기소되었다. 그는 러시아로 도망쳐 지금도 숨어 지내고 있다.

"프리즘 시스템을 이용하면 여러분의 이메일과 비밀번호, 통화 기록, 신용 카드 사용 내역까지 알 수 있습니다. 저는 이런 감시 사회에서는 살고 싶지 않습니다."

미국 법원은 이런 감시 사찰이 옳은지에 대해 계속 논의 중이다. 국가 안보를 내세우는 사람들은 한번 엎질러진 물은 도로 담을 수 없으니, 미리 범죄자나 테러리스트들을 비밀스럽게 감시하는 건 국가 안보를 위해 당연한 일이야. 이런 국가적 기밀을 폭로한 스노든은 반역자나 다름없어.

안전이 먼저!

스노든은 민주주의의 영웅이야! '안보'라는 이름으로 사람들을 감시하는 사회는 절대 민주주의 사회라고 볼 수 없어!

사생활이 먼저!

미리 조심해야 한다고 주장한다. 그러니까 되도록 많은 사람들의 이메일과 전화 통화, 문자 메시지를 살펴봐야 테러 위협 같은 국가적 위기에 발 빠르게 대응할 수 있다는 것이다.

하지만 사생활 보호론자들은 공권력이 이처럼 광범위하게 민간인 사찰을 벌이는 데는 심각한 문제가 있다고 지적한다. 민간인 사찰은 단순히 사생활을 침해할 뿐 아니라 사상의 자유, 표현의 자유까지 구속하려 들기 때문이다.

또 사생활 보호론자들은 공권력의 감시 범위가 점점 더 은밀하게 확대되어 가는 점 역시 우려하고 있다. 즉 프리즘 시스템이 그랬듯이, 테러리스트를 추적하기 위해 고안된 컴퓨터 프로그램이 필요에 따라 모든 시민의 일상생활을 샅샅이 조사하는 방향으로 흘러갈 수도 있다는 것이다. 예를 들어 강력 범죄 행위를 잡아내기 위해 마련된 CCTV가 거리에 침을 뱉거나 개똥을 치우지 않는 사람들까지 단속하는 쪽으로 용도가 바뀌는 것과 비슷하다. 기술이 일단 자리를 잡고 나면 새로운 방식으로 변용되기는 아주 쉬우니까.

공권력의 민간인 감시는……

1. 정부에 비판적인 여론을 단속하는 수단이다.

정부의 민간인 감시는 어제오늘 일이 아니다. 독일 사람들은 이 문제에 특히 더 민감하다고 하는데, 바로 히틀러의 비밀 국가 경찰 게슈타포가 떠오르기 때문이라고 한다. 게슈타포는 국가의 체제 유지에 위협이 된다고 판단되는 반정부 성향의 사람들을 감시하고 제거하는 데 앞장섰다.

2. 사생활의 자유를 침해한다.

2016년에 한국에서는 국정원에 국민 개개인의 정보를 수집 조사하고 추적할 권한을 부여하는 '테러 방지법'이 발효되었다. 이 법에 따르면 국정원은 필요에 따라 국민 개개인의 출입국 정보, 금융 거래 정보, 통신 이용 정보에서 사상·신념, 노동조합·정당 가입 유무, 건강, 성생활과 관련된 부분까지 샅샅이 정보를 수집할 수 있다. 이 경우에 공권력에 의해 개인의 정보가 자의적으로 해석되고 악용될 우려가 있다.

3. 정말로 유용한가?

정부가 수집한 개인 정보는 범죄를 예방하는 데 얼마나 유용하게 쓰일까? 미국 국가안보국의 경우, 실질적으로 그 데이터를 이용해 범인을 검거한 예는 아직까지 없다. 국가안보국이 체포한 테러리스트와 범죄자는 모두 일반 수사 과정에서 적발되었다.

흑인 인권 운동의 대부 마틴 루터 킹! 그에게는 아내가 있었지만 애인도 있었다. FBI는 불륜의 증거를 모아 마틴 루터 킹에게 들이대면서 인권 운동을 멈추지 않으면 대중 앞에 비밀을 폭로하겠다고 협박하며 자살을 종용했다.

오·싹·한 경·계·선

FBI, 짝퉁 기사로 테러 협박범을 잡다

2007년 미국 워싱턴주. 고등학교 테러 협박범을 쫓고 있던 FBI가 기막힌 꾀를 내었다.

"짝퉁 기사로 범인을 낚는 건 어때? '고등학교 폭탄 테러 위협, 경찰은 이를 대수롭지 않게 여기고 있다!' 요런 기사에다 스파이웨어를 심어서 인터넷에 띄우면."

"옳지, 그 기사를 클릭하는 놈이 범인일 거라 이거지? 용의자의 IP를 찾을 수 있겠군. 이왕이면 미끼를 후하게 걸자고! 〈시애틀 타임스〉 어때? AP통신도 넣고."

〈시애틀 타임스〉는 워싱턴주에서 구독자가 가장 많은 일간지이고, AP통신은 세계 최대의 통신사이다. 이렇게 권위 있는 언론 기관의 기사를 과연 누가 가짜라고 의심이나 할까?

FBI는 〈시애틀 타임스〉 웹페이지를 치밀하게 모방해 짝퉁 기사를 만들고 그 링크를 마이스페이스로 뿌렸다. 결국 용의자가 미끼를 물었다. 가짜 뉴스를 클릭하자마자 컴퓨터에 추적용 소프트웨어가 깔리면서 용의자의 인터넷 IP와 위치가 드러났다. 용의자는 해당 고등학교 학생인 16세 소년으로 90일 구금을 선고받았다.

이러한 함정 수사의 내막은 사건이 일어난 해로부터 7년이나 지난 2014년에 폭로되었다. 언론계는 정부 비밀 요원이 신문 기자 행사를 하면 시민은 어떤 뉴스도 믿을 수 없을 거라며 깊은 우려를 표했다.

? 나의 생각은…

FBI의 함정 수사 작전은 비열하고 공정하지 못한 수법이었을까? 아니면 테러 방지를 위해 꼭 필요한 전략이었을까?

예비 범죄자를 잡아라!

미래에 지을 죄로 유죄 판결을 받는다?! 〈마이너리티 리포트〉 같은 SF 영화 속 이야기가 아니다. 범죄 발생 가능성을 따져 보는 범죄 예측 프로그램은 벌써 현실이 되고 있다.

2014년에 미국 미네소타주 로체스터시는 장래에 범죄자가 될 가능성이 높다고 판단되는 청소년을 갱생 지도하는 프로그램을 도입했다.

먼저 시 당국이 빅데이터 분석에 나섰다. 기존의 범죄자들이 어린 시절에 갖고 있던 습관을 비교해 보니, 결석이 잦거나 음주 문제를 일으키는 등 몇 가지 공통점이 있었다. 시 당국은 이 빅데이터 분석 결과를 바탕으로 문제아로 소문난 학생들의 명단을 추려 냈다. 그리고 이 학생들을 경찰이 관리하는 청소년 교화 프로그램에 등록시켰다.

죄를 짓지 않았는데 죄를 지을 가능성이 있다는 추측만으로 감시를 받는 게 타당한 일일

길 잃은 양들을 바른 길로 이끌면서 장래의 범죄율도 줄이는 거지. 이런 게 바로 꿩 먹고 알 먹는 게 아니겠어?

안전이 먼저!

청소년들에게 함부로 범죄인 딱지를 붙이는 거잖아? 그게 앞으로 몇 년, 몇십 년을 따라다닐 줄 알고? 법정에 불려간 피고인조차 무죄 추정의 원칙에 따라 보호받는데, 아무 잘못도 저지르지 않은 아이들에게 무슨 짓을 하는 거지?

사생활이 먼저!

까? 게다가 범죄 예측 프로그램이 한 치의 오류도 없이 정확하게 작동하리라고 누가 장담할 수 있을까? 예를 들어 심장 박동 수로 사람의 공격 성향을 예측하는 프로그램이 개발되었는데, 그 프로그램의 허점이 100년 뒤에나 발견된다면? 오랜 시간 동안 예비 범죄자로 지목되어 특별 교육을 받거나 예방 치료를 받은 사람들의 세월을 어떻게 보상해 줄 수 있을까?

알몸 투시기라고?

2013년에 튀니지의 공항에서 여행길에 오를 채비를 하던 일가족 앞에 갑자기 보안 요원이 나타나 길을 막아섰다.

"혹시 샐리 존스인가요? 이리 좀 따라오셔야겠습니다."

알고 보니 엄마인 샐리 존스와 테러 용의자의 이름이 똑같아서 의심을 사게 된 것이었다. 존스 부부와 두 자녀는 보안 요원을 따라가 그길로 감금되었다. 공항 측은 아홉 시간에 걸쳐 꼼꼼히 조사한 끝에 존스 가족이 결백하다는 사실을 확인하고 나서야 풀어 주었다.

전 세계 어디서나 국경을 지나가는 여행자는 출국 수속을 할 때 꽤 여러 가지 개인 정보를 공항 측에 내어 줘야 한다. 비행기 탑승권만 있다고 해서 비행기를 탈 수 있는 게 아니다.

수출입 금지 물품 소지 여부를 확인하기 위한 세관 신고가 끝나면 곧장 보안 검색과 출국 심사가 시작된다. 수하물 엑스레이 검사, 금속 탐지기 검사, 지문과 여권을 통한 신원 확인 등, 여행객은 각 단계마다 공항이 요구하는 개인 정보를 제공해야만 비행기에 오를 준비가 끝난다.

왜 그럴까? 국내의 범죄자가 출국해서 도주하는 것을 막는 한편, 위조 여권 소지자를 가려내고, 위험한 물건을 소지하지 못하게 해 비행기 내에서 사고가 나지 않도록 미리 예방하려는 방침이다.

2000년대 중반부터는 전신 검색대가 세계 각국에 도입되었다. 이 검색대는 금속 탐지기가 감지하지 못하는 세라믹 무기나 분말·액체 폭발물 등 비금속 물질을 파악해 낸다. 하지만 여행객이 옷을 벗지 않았는데도 신체를 투시할 수 있어 소지품뿐만 아니라 이식된 장기와 성형된 신체 부위까지 읽어 내는 탓에 '알몸 투시기'라는 오명을 얻기도 했다.

하지만 최근 들어 급격히 늘고 있는 테러에 대한 공포는 알몸을 투시당한다는 수치심을 거뜬히 이겨 내고도 남았다. 2001년에 9·11 세계 무역 센터 테러 사건 이후, 미국 국민의 93%는

사우디아라비아의 여성은 남성 보호자의 허락 없이는 여행을 할 수 없다. 여기서 말하는 남성 보호자는 아버지나 남편, 남자 형제, 심지어 아들일 수도 있다. 2012년에 사우디아라비아는 휴대폰 신호를 추적해서 여성이 해외로 나갈 경우, 남성 보호자에게 자동으로 문자 메시지를 보내는 프로그램을 도입했다. 이 프로그램은 국제적인 시위가 계속된 끝에 2년 만에 중단되었다.

안전을 위해서라면 개인의 자유를 포기할 수 있다고 답했고, 2000년대부터 지속적인 테러 사건에 휩말려 온 런던 지하철의 보안을 강화하려면 모든 승객이 신분증을 지참해야 한다는 의견에 영국 국민 71%가 손을 들었다.

한편, 한국의 인천국제공항은 2018년에 개장한 제2여객터미널에서 사생활 침해 문제를 해소한 새로운 전신 검색대를 선보였다. 가슴 윤곽까지 적나라하게 드러났던 구형 전신 검색대와는 다르게, 신형 검색대는 신체를 아바타 이미지로 읽어 내도록 해서 수치심을 일으키지 않도록 했다. 보안 검색은 강화되고 시간은 적게 든다니 이런 희소식이 있나!

하수구 속 첨단 과학

윽, 냄새! 미국 매사추세츠주 케임브리지시 연구자들이 화장실 오물이 쏟아져 나오는 하수구를 주시하고 있다. 이 하수구들은 평범한 하수구가 아니라 센서가 장착된 스마트 하수구다. 이 하수구로 배출된 생활 오폐수를 분석하면 박테리아와 바이러스는 물론, 어떤 음식을 즐겨 먹는지까지 분석해 각종 생화학 데이터를 파악할 수 있다는데…… 도시 보건에 신속하게 대처하기 위해 발이 닳고 코가 헐도록 애쓰는 분뇨 연구자들에게 박수!

스마트 하수구는 시민의 건강 상태를 추적하기 위해 도입된 수많은 신

기술 중 하나에 불과하다. 그렇다면 또 어떤 것이 있을까?

- **시민들의 문자 메시지 발송 횟수를 모니터링한다.**

  사람들은 열이 날 때 문자 메시지를 덜 보내는 경향이 있다는 데 착안해서 문자 메시지 발송량이 떨어지면 독감 조기 경보를 내린다.
- **병원 직원과 장비에 무선 인식 태그를 달게 한다.**

  병원 안에서 박테리아가 움직이는 경로를 파악하기 위한 시스템으로, 환자 한 명이 감염되었을 때 나머지 환자 중 누가 위험에 노출되는지 확인할 수 있다.

• 상담 전화 이용 시간대를 분석한다.

2014년에 미국의 긴급 문자 상담 조직인 크라이시스 텍스트 라인은 청소년들이 주로 언제 도움을 필요로 하는지 데이터를 공개했다. 대체로 청소년은 늦은 밤에 혼자 고립되었다는 느낌에 시달리는 경향이 있으며, 거식증을 앓고 있는 청소년의 경우 대체로 월요일에 상담 전화를 걸어 온다.

공공기관이 사기업에 개인 정보를 팔았다고?

오·싹·한 경·계·선

2017년에 한국에서는 공공기관이 민간 보험사에 환자 정보를 판매한 일이 밝혀져 큰 논란을 빚었다. 문제가 된 자료는 2014년부터 2016년까지 약 6,420만 명의 환자 정보였다. 해당 기관인 건강보험심사평가원은 개인을 식별할 수 없는 정보라 사생활 침해 문제는 아니라고 주장했다. 이 기관은 각종 의료 기관에서 수집한 건강 정보와 제약 회사들의 연구 자료를 분석해 국민들에게 다양한 의료 통계를 제공하는 빅데이터 시스템을 운영하고 있다. 이처럼 공익을 위해 수집된 빅데이터가 사기업에 판매된 것을 어떻게 받아들여야 할까?

한편, 2016년에 영국에서는 시민들의 지속적인 반발 끝에 보건 의료 빅데이터 시스템이 중단되었다. 어떠한 연구 목적으로도 자신의 개인 정보를 포함시키지 말라는 민원 전화가 빗발쳤기 때문이다.

? 나의 생각은…

변비가 심해서 병원에 갔다가 이런저런 사생활까지 부끄럼을 무릅쓰고 털어놓았다. 진료가 끝나자마자, 의사 선생님이 정부에서 지원하는 십 대의 변비 질환 연구 프로젝트에 내 진료 기록을 사용해도 되겠느냐고 물었다. 자, 나의 선택은?

누적된 의료 정보가 많을수록 공공의료의 질은 올라갈지도 모른다. 하지만 만에 하나 이렇게 수집된 의료 정보가 도난당하기라도 한다면? 의료 정보가 유출되면 우리는 직업을 구할 때, 여행을 갈 때, 보험에 가입할 때 곤경에 빠질지도 모른다.

파놉티콘을 넘어

중앙 탑의 간수가 언제든지 죄수를 감시할 수 있는 원형 교도소 파놉티콘을 기억하는가? 프랑스의 컴퓨터 과학 교수인 장 가브리엘 가나시아는 현대 사회를 일컫는 말로 '카톱티콘'이라는 새로운 용어를 제시했다. 거울 등에 나타나는 반사광의 성질을 연구하는 반사광학(catoptrics)에서 따온 말로, 풀이하자면 서로가 서로를 감시하는 곳이라는 뜻이다.

한때는 정부, 기업, 경찰이 CCTV를 독점하고 있었다. 그러나 이제는 평범한 시민들도 호주머니에 휴대폰을 넣고 다닌다. 학생들은 가혹한 처벌을 일삼는 교사를 촬영해서 유튜브에 폭로하고, 시민은 불필요한 물리력을 행사하는 경찰을 촬영해 신고 자료로 삼으며, 시민 활동가들은 평화적 시위를 했다는 사실을 증명하기 위해서 자신들의 시위 현장을 촬영해두기도 한다.

이런 종류의 감시를 일컫는 말이 하나 더 있다. 컴퓨터 공학 교수 스티브 만은 이를 '아래로부터의 감시', 즉 '수베일런스'라고 지칭했다. 수베일런스는 서베일런스, 즉 '위로부터의 감시'에 대한 반작용이다. 만약 정부가 범죄자로부터 시민을 보호하기 위해 CCTV를 설치한다면, 시민 역시 자신을 보호하기 위해 카메라를 들 권리가 있다는 것이다. 이렇게 상호 감시 체제를 이용하면 결국 '이퀴베일런스', 즉 모두가 모두를 동등하게 지켜보는 상태에 도달한다고 한다.

휴대폰, 시위 문화를 바꾸다!

스티브 만의 말처럼 기술은 양방향으로 작동한다. 정부가 사람들을 감시하는 수단으로도 쓰이지만, 반대로 사람들이 정부에 대항하는 도구로 사용되기도 한다.

2008년에 중국 귀주성 웡안현 농촌 지역에서 16세 소녀가 세 명의 친구와 놀러 나갔다가 강에서 시신으로 발견되었다. 경찰은 이 죽음을 자살로

보았다.

소녀의 가족은 "내 딸은 친구들에게 살해당했는데, 가해자 중 한 명이 지역 경찰 간부와 끈이 닿아 있어서 사건을 무마시켰다."고 주장하며 경찰 수사 결과에 거세게 항의했다.

얼마 후 웡안현 곳곳에서 이 사건에 의혹을 제기하는 문자 메시지가 퍼지기 시작했다. 확인되지 않은 사실이었지만 파급력은 어마어마했다. 3만 명의 분노한 시민이 경찰서를 습격해 건물과 차량을 파손하는 사태가 벌어졌다.

공산당 1당 독재로 오랫동안 권위주의적인 체제를 유지해 온 중국 정부는 큰 충격을 받았다. 평범한 농민들이 자기들과 아무런 이해 관계도 없는 일로 들고일어나 정부에 맞섰기 때문이다.

이러한 변화의 중심에는 휴대폰이 있었다. 그렇다면 휴대폰이 시위 현장에서 그 어떤 무기보다 강력한 저항의 도구가 되는 이유는 뭘까?

- 휴대폰을 통한 정보 전달 속도는 엄청나게 빠르다. 입소문의 시대와는 비교도 할 수 없을 만큼!
- 휴대폰을 통해 여론이 만들어지기 시작하면 공권력이 제아무리 제압하고 싶어도 워낙 많은 사람들이 발을 걸치고 있어 주동자를 찾기가 어렵다.
- 휴대폰을 든 사람은 누구나 한 명의 기자가 되어 기성 언론에 새로운 소식을 제보할 수 있다.

　윙안 시위를 지켜본 중국의 시민 운동가들은 정부도 더 이상 예전과 같
은 방식으로 시민을 통제할 수 없다는 사실을 깨우칠 거라고 확신했다.

　그러나 2015년 7월, 기함할 사건이 벌어졌다. 중국 공안부가 인터넷 정
화 사업의 일환으로 수천 명의 시민을 체포한 것이다. 정부는 이들이 어
떤 혐의로 연행되었는지조차 명확히 설명하지 않았다. 시민 운동가들은
이 사건이 소셜 미디어를 통해 정부를 비판한 사람들에 대한 보복 조치라
고 믿고 있다. 최근에 더욱더 강해지는 중국 정부의 인터넷 감시 시스템은
'만리 방화벽'이라는 조롱까지 얻고 있을 정도이다.

봄의 열병

2010년에 튀니지에서는 과일 장사로 생계를 꾸려 나가던 청년이 노점상을 단속하러 나온 경찰에게 수레를 빼앗기자 울분을 참지 못하고 분신자살했다. 청년이 자신의 몸에 놓은 불씨는 들불처럼 세상으로 번져 나갔다.

정부의 무능과 부패에 항거하려던 청년의 뜻을 지지하는 젊은이들이 속속 거리로 뛰쳐나왔으며, 소셜 미디어를 통해 이 소식이 급격히 퍼져 나갔다. 언론의 자유가 통제된 사회에서 소셜 미디어는 자유로운 정보 유통의 활로가 되어 주었다. 연이어 대규모 집회가 일어났다. 결국 20년 넘게 집권해 온 튀니지 대통령이 2011년 1월에 해외로 달아났다.

그사이 이집트에서도 반정부 시위가 일어났다. 곧이어 이웃 나라인 알제리, 예멘, 레바논, 요르단, 바레인, 리비아, 모로코, 시리아에서도 폭정과 빈곤에 시달리는 사람들이 거리로 몰려나왔다. 아랍 전역을 도미노 게임처럼 종횡무진 휩쓴 이 민주화 운동을 '아랍의 봄'이라 부른다.

아랍에 봄바람이 불자 전 세계의 눈길이 아랍 대륙으로 쏠렸다. 수많은 지식인들은 시위대가 휴대폰과 소셜 미디어를 이용하고 있다는 점에 주목했다. 최첨단 통신 장비로 무장한 평범한 시민이 가혹한 독재 정권을 무너뜨리고 말 거라고 입을 모으면서……. 그러나 정부군 역시 그들만의 기술 전략으로 시민에 맞섰다.

⇒ 우리가 할 수 있는 일 ⇐

국제 인권 단체 엠네스티는 '탄원 편지 보내기'라는 온라인 캠페인을 오래도록 이어 오고 있다. 여기서 힌트를 얻어 보자.

생활 속에 뿌리내린 각종 감시의 눈길이 미심쩍다면 우선 '개인 정보 보호법'에 관해 조사해 보자. 그리고 염려스런 점이 무엇인지 지역 신문 편집장 또는 지역구의 정치인에게 편지를 보내 보자.

이집트와 리비아 정부는 아예 인터넷 접속을 차단해 버렸다. 시리아는 시민 운동가를 색출하기 위해 페이스북과 유튜브를 감시할 전담 해커 팀을 꾸려 국제 사회의 비난을 샀다.

그로부터 시간은 흘러 흘러 어느새 혁명 10주년을 바라보게 된 지금, '아랍의 봄'은 무엇을 남겼을까? 2018년 현재, 튀니지는 민주 국가가 되었지만 극심한 경제 불황을 겪고 있다. 이집트는 결국 군부가 정권을 잡았고, 시리아는 끔찍한 내전에 휩싸여 있다. 소셜 미디어와 휴대폰이 신념을 전파하는 데는 도움이 되었을지 모르지만 승리를 보장해 주지는 못했던 것이다.

이 문제는 결국 익숙한 결론으로 이어진다. 기술은 수많은 도구 중 하나일 뿐이다. 그리고 이 도구란 여러 가지 방식으로 쓰일 수 있다……

GPS는 경찰이 시위 현장을 감시할 때 사용되기도 하지만, 집회 참가자들이 신속하게 소통하며 결집하는 데 도움이 되기도 한다.

소셜 미디어는 정치 세력이 자신에게 유리한 여론을 조작해 낼 때도 사용되지만, 시민들이 국경을 넘어 다른 나라 사람과 소통하며 보다 너른 관점에서 자신이 속한 사회 집단을 성찰할 수 있는 계기를 마련해 주기도 한다.

그렇다면 우리에게 주어진 숙제는 기술을 이용해 더 나은 세상을 만들어 가는 것이다. 어차피 미래로 가는 시곗바늘을 되돌릴 수는 없는 노릇이니까.

적절한 선 긋기

사람은 누구나 걸음마가 서툰 아기 시절부터 '개인'이 무엇인지 배워 나간다. '나'와 '너'를 구분하기 시작한 어린이는 다른 사람의 물건을 마음대로 만져서는 안 된다는 사실을 배운다. 조금 자란 뒤에는 내 몸의 어떤 부분이 자신만의 소중한 영역이라는 점을 깨닫기도 하고, 일기장을 몰래 감추며 방문에 '접근 금지'라는 경고장을 내걸기도 한다.

낯선 사람의 집을 방문할 때는 예의를 갖추어 초인종을 먼저 울리고, 성가신 텔레마케터의 전화는 차단해 버리기도 한다. 이런 사소한 행동 하나하나가 모두 각자의 사생활을 지켜 준다.

그런데 요즘은 우리의 삶을 지켜보는 수많은 눈길에 포위되어 있다. 통신사는 가입자의 통화 기록을 추적하고, 정부는 국민의 이메일을 검열하며, 광고업자들은 네티즌의 소셜 미디어 포스트를 분석한다. 상점은 소비자의 구매 내역을 살피고, 공항은 탑승객의 지문을 확인하며, 냉장고는 우리가 우유를 얼마나 마셨는지 파악한다.

- 감시 체제는 우리를 더 안전하게 지켜 준다.
- 표적 마케팅은 생활을 더 편리하게 해 준다.
- 잘못된 일을 저지르지 않으면 누가 지켜보든 아무런 상관이 없다.

- 기업, 정부, 경찰의 감시 체제는 결국 우리의 생각과 행동, 심지어 투표에까지 영향을 미친다.
- 개인 정보 이용 허가는 사실상 미래에 제왕적인 권력을 지닐 정부와 기업에게 우리 정보를 내맡기는 거나 다름없다. 한번 넘어간 디지털 데이터는 영원히 보존될 수 있으므로.

어느 쪽이 옳을까? 서로를 믿고 정보를 자유롭게 공유하는 열린 태도? 아니면 그 누구도 대신 지켜 주지 않을 나만의 비밀을 보호하기 위해 자신만의 방어벽을 쌓는 일? 아마도 답은 그 중간 어디쯤에 있을 것이다. 그게 정확히 어디냐고? 그건 미래의 시민만이 결정할 수 있는 문제다. 아……, 그러고 보니 그 주인공은 바로 여러분 자신이다!

내 휴대폰 속의 슈퍼스파이

첫판 1쇄 펴낸날 2018년 5월 15일
12쇄 펴낸날 2023년 10월 25일

지은이 타니아 로이드 치
그린이 벨 뷔트리히 **옮긴이** 임경희
발행인 김혜경 **편집인** 김수진
주니어 본부장 박창희
편집 강정윤 정예림 조승현
디자인 전윤정 김혜은
마케팅 최창호 임선주
경영지원국 안정숙
회계 임옥희 양여진 김주연

펴낸곳 (주)도서출판 푸른숲
출판등록 2003년 12월 17일 제2003-000032호
주소 경기도 파주시 심학산로 10, 우편번호 10881
전화 031) 955-9010 **팩스** 031) 955-9009
홈페이지 www.prunsoop.co.kr **인스타그램** @psoopjr
이메일 psoopjr@prunsoop.co.kr

ⓒ푸른숲주니어, 2018
ISBN 979-11-5675-163-2 44500
      978-89-7184-390-1 (세트)